SMALL MAKER
FUN OPEN SOURCE ROBOT

小创客
玩转开源机器人

吴 鑫◎编著

清華大學出版社
北 京

内容简介

亲爱的同学们，你们喜欢玩机器人吗？如果你有强烈的创造欲，想把自己的创意转换成现实，勇于创新并且乐意和大家一起分享的话，欢迎你加入我们的创客机器人活动中来。在这本书里，你将了解到典型的开源机器人：以mBot这款造型可爱的机器人为起点，结合拓展包里的各种传感器、电子模块、机械零件，配合mBlock软件进行编程，我们将体验到物理世界和软件世界的有趣交互。

书中是以“我们会提问、我们会实践、我们会探索、我们会分享、我们会思考”五个模块组织教学内容的，并且是以懵懂孩子的第一人称视角，从感知、初识到领悟、创造循序渐进地开展创客活动，特别适合对小学生和初中生进行创客教育，是一本结合理论且又联系实际的参考教材，是广大中小学创客导师和培训学校开展创客教育的重要指导书籍。

图书在版编目(CIP)数据

小创客玩转开源机器人 / 吴鑫编著. —北京：清华大学出版社，2017(2020.11重印)
ISBN 978-7-302-46412-9

Ⅰ.①小… Ⅱ.①吴… Ⅲ.①机器人控制－儿童读物 Ⅳ.①TP242-49

中国版本图书馆CIP数据核字(2017)第023654号

责任编辑：刘 洋
封面设计：李召霞
责任校对：王荣静
责任印制：沈 露

出版发行：清华大学出版社
网 址：http://www.tup.com.cn，http://www.wqbook.com
地 址：北京清华大学学研大厦A座 **邮 编**：100084
社 总 机：010-62770175 **邮 购**：010-62786544
投稿与读者服务：010-62776969，c-service@tup.tsinghua.edu.cn
质量反馈：010-62772015，zhiliang@tup.tsinghua.edu.cn
印 装 者：涿州汇美亿浓印刷有限公司
经 销：全国新华书店
开 本：148mm×210mm **印 张**：4.75 **字 数**：89千字
版 次：2017年3月第1版 **印 次**：2020年11月第10次印刷
定 价：25.00元

产品编号：073224-01

给同学们的一封信

亲爱的同学们：

你们好！

在我们现实世界里机器人无处不在，比如索尼玩具机器人AIBO、谷歌围棋机器人AlphaGo、大狗机器人Bigdog、仿人行走机器人ASIMO等等。你们喜欢玩机器人吗？如果你有强烈的创造欲，想把自己的创意转换成现实，勇于创新并且乐意和大家一起分享的话，欢迎你加入我们的创客机器人活动。

国务院总理李克强2015年考察了深圳柴火创客空间之后，在政府工作报告里首次提到了“创客”。如今，这股创造风潮正在席卷中国，形成“大众创业、万众创新”的新局面。而在创客活动中，机器人是一个重要的组成部分，从小开始学习机器人，相信你们也能在不远的将来为祖国的科技富强做出自己的贡献，真正成为21世纪的主人！

在这本书里，你将了解到典型的开源机器人：以 mBot 这款造型可爱的机器人为起点，结合拓展包里的各种传感器、电子模块、机械零件，配合 mBlock 软件进行编程，我们将体验到物理世界和软件世界的有趣交互。

你需要思考的，就是如何用机器人将脑袋里的创意付诸实践，和全世界的小伙伴们进行交流、共同进步。怎么样，准备好了吗？Let's do it together!

吴鑫

2017 年 1 月

自序

自从“创客”(Maker)一词在李克强总理的政府工作报告中出现以来，全国各地中小学都如火如荼地开展了多种形式的创客教育。撇开创客教育的概念，笔者认为，创客本身包含有营利性质和公益性质的两种类型，或者说两条线路。当创客与教育相联系起来，必然取其后者。而无论怎样定义创客教育，是不可能脱离创客精神所在的。这也是本书的第一个特点：面向教育中的创客精神——勤于思考、敢于创造、乐于分享。

本书的第二个特点是体例的变革。书中是以我们会提问、我们会实践、我们会探索、我们会分享、我们会思考五个模块组织教学内容的，并且是以懵懂孩子的第一人称视角，从感知、初识到领悟、创造，这种循序渐进的过程为主线条，遵循了人的认知规律。无论是先想后做，还是运用思维导图，都渗透着一种“做中学”的学习方法。这里的“做”，既是实践，又是创造。

虽然有关创客、机器人的相关书籍、教材不少，而以 mBlock 软件为蓝本的教材，目前而言并不多见。特别是市面上极少有非社团兴趣活动，专门针对课堂教学编写的创客机器人书籍。因为大多数的创客教育是以创客空间为场所，以创客活动为主体展开，但这毕竟面向的是少数群体。在义务教育的K12阶段，只针对少部分儿童进行创客教育，显然不是教育者的职责所在，更不要指望少数人的创客教育能成为推动教育改革、培养科技创新人才的重要内容。“大众创业、万众创新”，必然要求每一位教育者把创客教育推向普及。

所以，这本教材面向大众化的课堂教学，承载着笔者的一个设想、理念，需要靠实际操作进行检验。只有敢于迈出第一步，才有可能收获经验不断总结提高。

一千个人眼中有一千个哈姆雷特，一个教师眼里可能有一千个创客。希望本书能够助力创客教育在中小学教育阶段的普及，抛砖引玉，以机器人的创客教育为契机，让更多的孩子能够参与到这片广阔的天空中来，将来或许真的有一天能够为国争光，成为一代名家。

吴鑫

2017年1月

目录

第1课 走近开源机器人

我们会提问

1. 什么是开源机器人？

2. mBlock 和 mBot 包括哪些内容？

我们会实践

提到机器人大家并不陌生，现实世界、科幻电影或动画片里经常出现机器人的身影，它们都神通广大，具有非凡的本领。可是小伙伴们并不太了解什么是开源机器人。通过老师的提示，我们在百度搜索里找到了开源机器人的定义：

什么是开源机器人

开源机器人（Open Source Robot）是一种应用于科学研究和教学的资源开放型机器人。其主要特点体现在机器人硬件和软件的开放性。由于硬件和软件资源的对外开放，极大地方便了机器人技术开发人员的技术交流及二次开发。相信随着开源机器人的逐步普及，机器人技术的发展将会被推到新的高潮。

通过老师讲解，我们了解到开源机器人是由软件和硬件两部分组成的，mBlock 就是创客工场在麻省理工学院（MIT）开发的 Scratch2.0 开源软件的基础上，结合硬件进行设计的机器人编程软件，而 mBot 就是老师展示给我们看的一种经典的开源机器人，它是在 Arduino 系统基础上开发而成的，如图 1-1 所示。一看它的包装盒，就很吸引人！如图 1-2 所示。

图 1-1

图 1-2

mBlock 软件在计算机上很容易下载和安装，直接打开网页浏览器访问 http://learn. makeblock. com/cn/software/或 http://www. mblock. cc/即可。

通过百度，我们知道了 mBlock 软件不仅继承了 Scratch2.0 的全部特性，还在它的基础上添加了电子模块指令，如图 1-3 所示。以前学过 Scratch 软件的同学一下就发现了不同之处，在脚本区多了一个“机器人模块”，这里肯定包含着许多控制机器人的脚本语句。

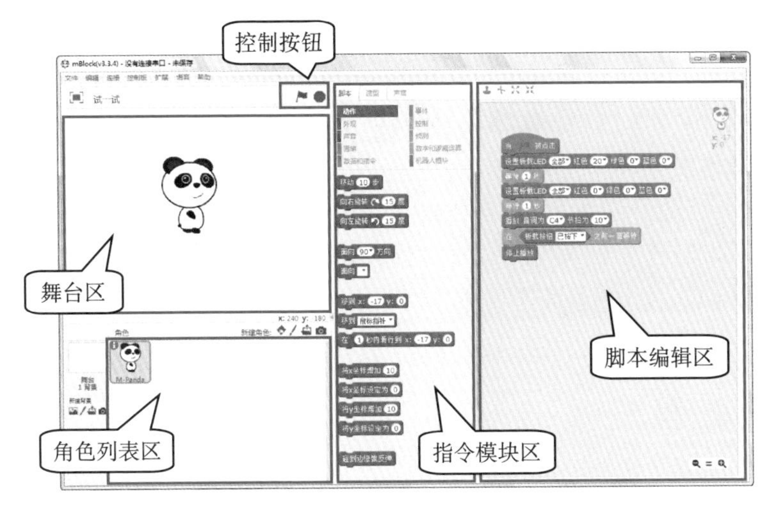

图 1-3

我们会探索

一、认识 mBot 机器人部件

为了更好地学习开源机器人，大家决定以 mBot 为例，先弄清楚相关的一些部件。打开盒子，我们首先看见的是一个小塑料外壳包起来的控制板，上面写了 mCore 的字样。通过查看说明书，我们认识了它们的名字，如图 1-4 所示。

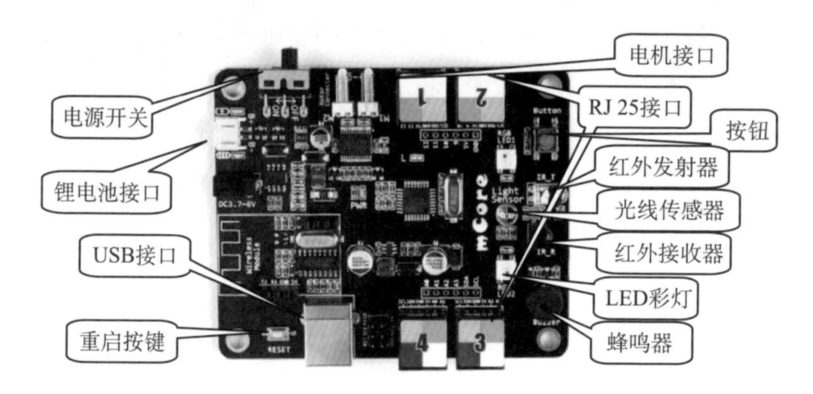

图 1-4

我们看见包装盒里有一个像 U 盘的设备，再次翻开说明书才发现原来 mBot 有两个版本，一个是蓝牙版本，一个是 2.4G 版本。我们看见的白色 USB 接口的设备就是 2.4G 无线通信模块，如图 1-5、图 1-6 所示。

图 1-5

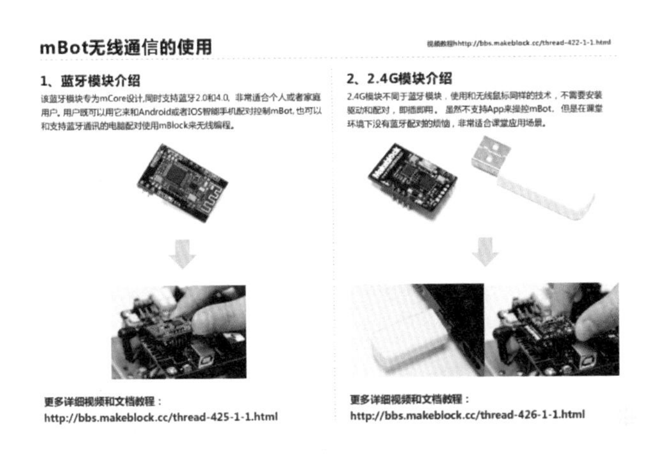

图 1-6

此外，mBot 还有许多拓展的电子模块和连接件，如图 1-7 所示。

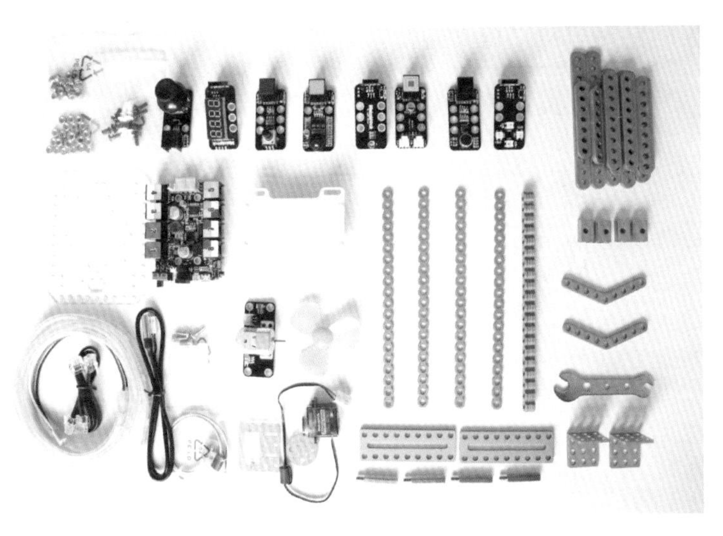

图 1-7

二、将 mBlock 软件和控制板连接起来

下载安装好的 mBlock 软件怎样和机器人连接起来呢？机器人能听懂我们的指令吗？为了搞清楚这些问题，我们决定先把软件和控制板连接起来，步骤是这样的，如图 1-8～图 1-13 所示。

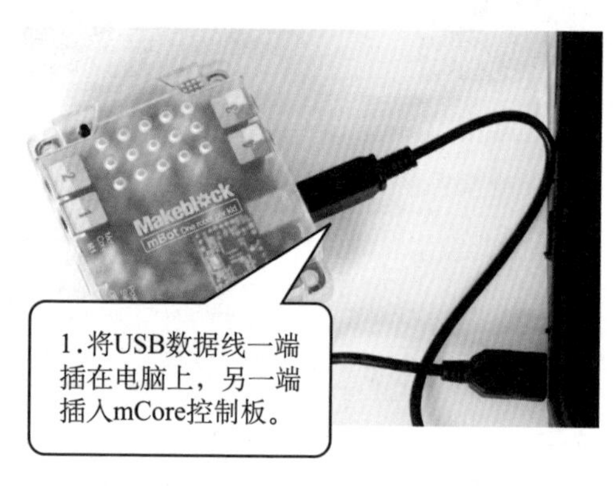

1.将USB数据线一端插在电脑上，另一端插入mCore控制板。

图 1-8

2.打开控制板电源开关。

图 1-9

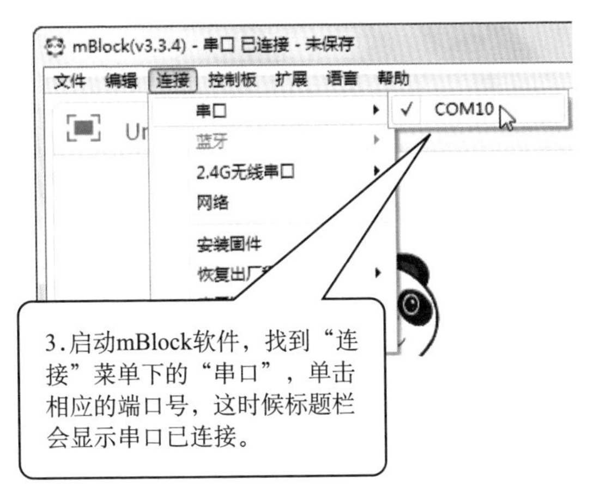
mBlock(v3.3.4) - 串口 已连接 - 未保存
文件
编辑
连接
控制板
扩展
语言
帮助
串口
COM10
蓝牙
2.4G无线串口
网络
安装固件
3.启动mBlock软件，找到“连接”菜单下的“串口”，单击相应的端口号，这时候标题栏会显示串口已连接。

图　1-10

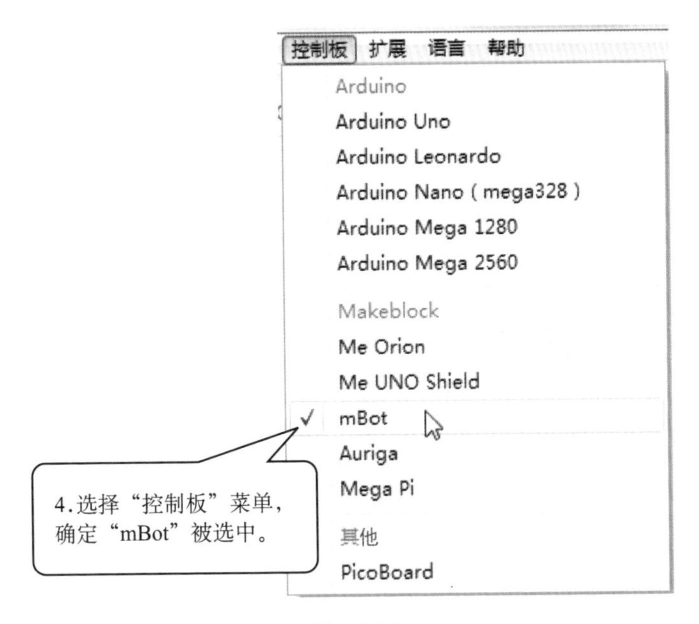
控制板
扩展
语言
帮助
Arduino
Arduino Uno
Arduino Leonardo
Arduino Nano (mega328)
Arduino Mega 1280
Arduino Mega 2560
Makeblock
Me Orion
Me UNO Shield
mBot
Auriga
Mega Pi
其他
PicoBoard
4.选择“控制板”菜单，确定“mBot”被选中。

图　1-11

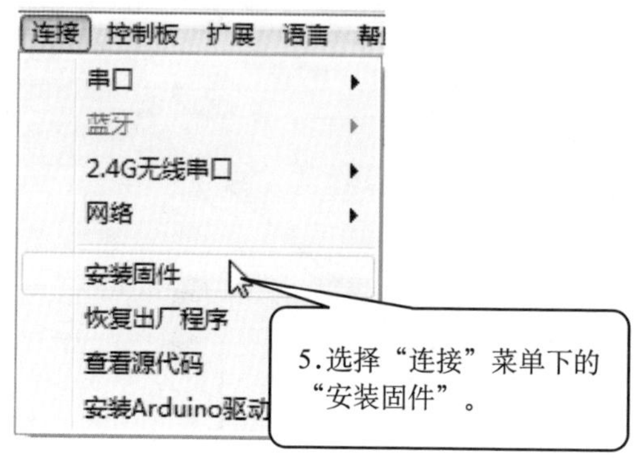

图 1-12

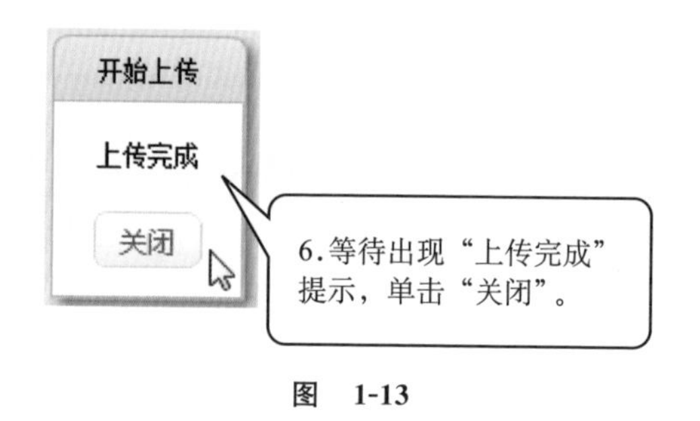

图 1-13

我们会思考

现在，我终于知道怎么玩开源机器人了，不过还有些小问题希望大家帮帮我：

- 除了2.4G版本，我还想知道蓝牙版本怎么玩，它们有什么区别，哪个更好玩呢？
- 在mBlock软件中，“扩展”菜单下面的选项，有什么作用？

第2课 制造美丽的彩虹

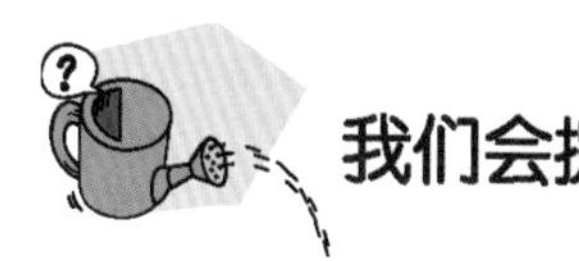

我们会提问

1. RGB彩灯怎样自定义颜色发光?
2. 光线传感器能控制RGB显示吗?

我们会实践

大雨过后,在阳光折射下,我们有时候会看见美丽的彩虹。同学们提议,用机器人控制板上的RGB彩灯,制造一个模拟的彩虹灯,这样我们就能随时看见"彩虹"啦!说干就干,开始我们第一次的编程吧!

一、DIY 美丽的彩虹光

1. 首先，我们找到 mBlock 软件中的“事件”，将“绿旗”脚本拖入脚本编辑区，作为在线程序运行的开始语句，如图 2-1 所示。

图 2-1

2. 找到“脚本”区的机器人模块，将设置 LED 的脚本语句拖入脚本编辑区，与第一段程序组合，如图 2-2 所示。

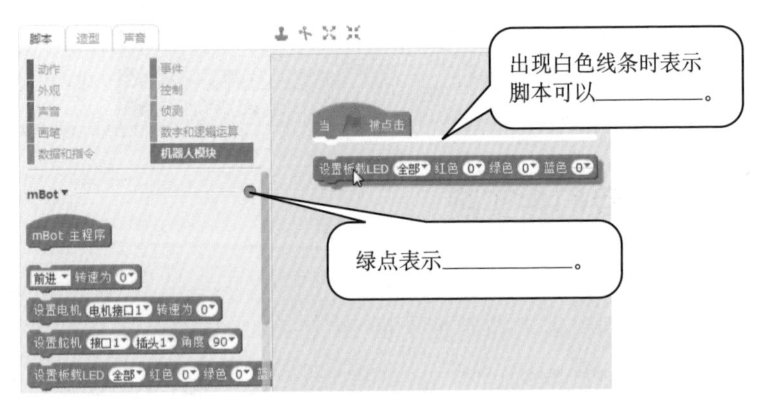

图 2-2

3. 单击 ▶ 试试看，咦！为什么 LED 灯并没有亮呢？通过尝试，原来设置 LED 语句后面跟着的红、绿、蓝三原色的数字 0，表示关闭 LED 灯。我们修改数值就可以改变 RGB 彩灯的亮度了，如图 2-3 所示。

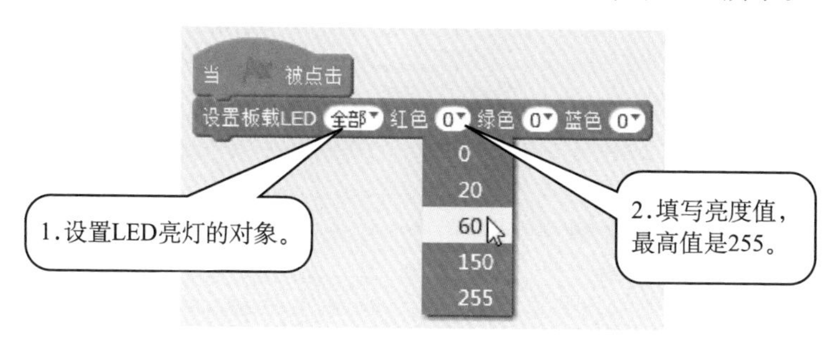

图　2-3

虽然在设置 RGB 彩灯的语句上只有三种颜色，在美术课上老师教过我们可以通过色环的颜色组合得到其他各种颜色，如图 2-4 所示。经过试验，我们编写了下面的彩虹脚本，让 RGB 每

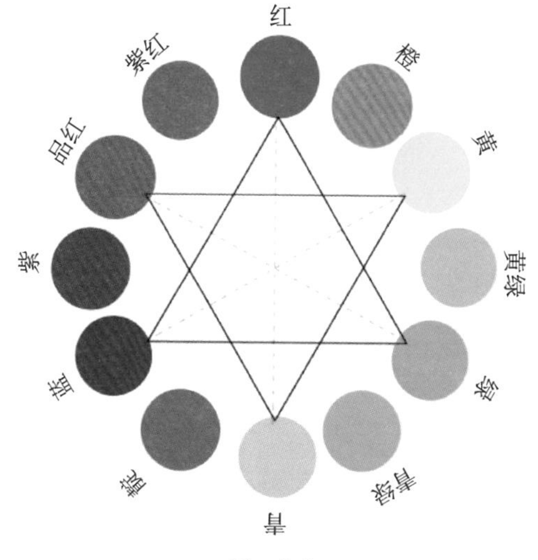

图　2-4

隔1秒钟显示红橙黄绿青蓝紫的光，如图2-5所示。

```
当 [绿旗] 被点击
重复执行
    设置板载LED 全部 红色 60 绿色 0 蓝色 0
    等待 1 秒
    设置板载LED 全部 红色 80 绿色 20 蓝色 0
    等待 1 秒
    设置板载LED 全部 红色 60 绿色 60 蓝色 0
    等待 1 秒
    设置板载LED 全部 红色 0 绿色 60 蓝色 0
    等待 1 秒
    设置板载LED 全部 红色 0 绿色 60 蓝色 60
    等待 1 秒
    设置板载LED 全部 红色 0 绿色 0 蓝色 60
    等待 1 秒
    设置板载LED 全部 红色 60 绿色 0 蓝色 60
    等待 1 秒
```

图 2-5

二、控制彩虹灯显示效果

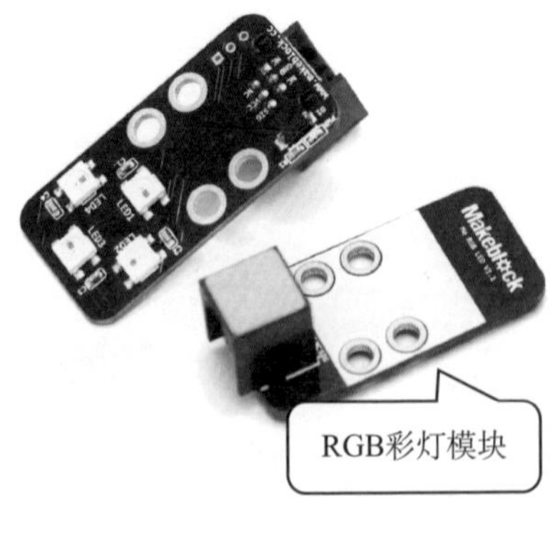

图 2-6

mCore控制板只有2个RGB彩灯，如何同时显示更多的颜色呢？我们想到了使用RJ25接口外接RGB模块，上面正好有4个RGB彩灯，基本满足了我们的需求，如图2-6所示。大家是这样操作的：

1. 使用 RJ25 连接线，将外接 RGB 模块和 mCore 控制板上带有黄色标识的接口相连接，如图 2-7 所示。

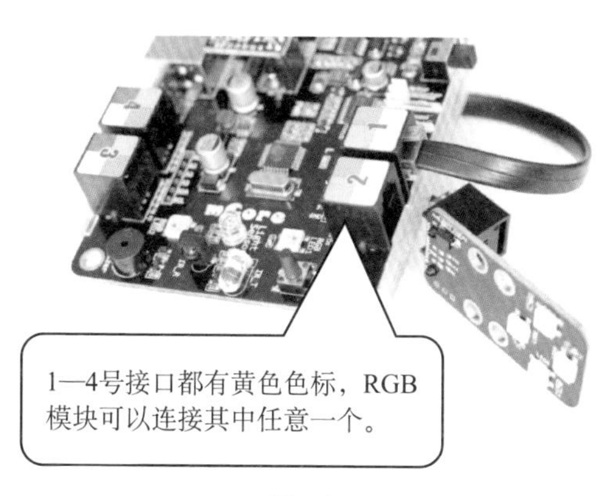

1—4号接口都有黄色色标，RGB
模块可以连接其中任意一个。

图　2-7

2. 重新编写脚本，去掉“重复执行”和部分等待语句，加入外接 RGB 模块的亮灯脚本语句，如图 2-8 所示。

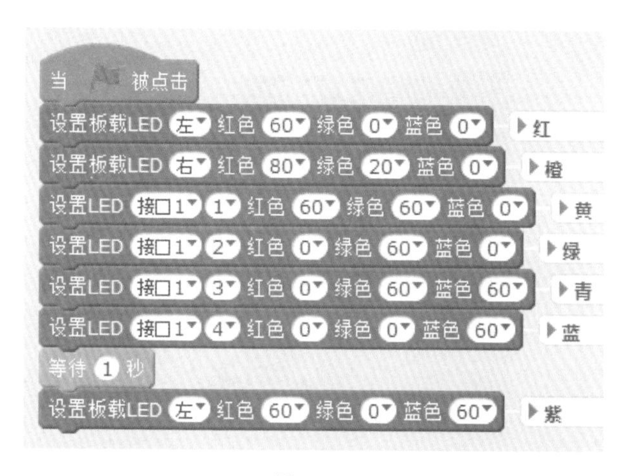

图　2-8

我们会探索

为了让彩虹“招之即来挥之即去”，我们想到了充分运用mCore控制板上的光线传感器，用手遮挡控制板时让“彩虹”出现，手拿开时“彩虹”消失。通过分析，大家觉得要实现这样的效果需要添加一个条件判断语句，用左右为尖角的 < 条件参数，判断当前光线值 光线传感器 板载 是否小于某个数值。如果小于某值，就表示手放在了主板上面。

经过测试当前的环境光线值是________。于是我们在条件判断脚本语句右边写上了________。

完成之后，我单击“绿旗”对脚本进行了测试，如图 2-9、图 2-10所示。

```
当 [绿旗] 被点击
重复执行
  如果 光线传感器 板载 < 100 那么
    设置板载LED 左 红色 60 绿色 0 蓝色 0        ▸红
    设置板载LED 右 红色 80 绿色 20 蓝色 0       ▸橙
    设置LED 接口1 1 红色 60 绿色 60 蓝色 0      ▸黄
    设置LED 接口1 2 红色 0 绿色 60 蓝色 0       ▸绿
    设置LED 接口1 3 红色 0 绿色 60 蓝色 60      ▸青
    设置LED 接口1 4 红色 0 绿色 0 蓝色 60       ▸蓝
    等待 1 秒
    设置板载LED 左 红色 60 绿色 0 蓝色 60       ▸紫
    等待 1 秒
  否则
    设置板载LED 全部 红色 0 绿色 0 蓝色 0
    设置LED 接口1 全部 红色 0 绿色 0 蓝色 0
```

图 2-9

图　2-10

运行效果还不错，基本实现了我们的想法，现在一道人工“彩虹”完成了！

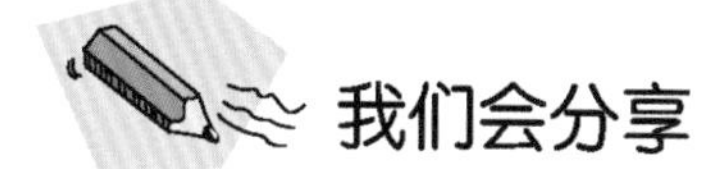

我们会分享

通过这次的学习活动，我觉得只要认真思考，不断实践，就能把创意变为现实，我打算把自己实验的结果用手机拍摄一段短视频，回家之后展示给____________________。

我们会思考

在这次创客活动中，我还有下面这些新发现想一探究竟：

- 为什么“彩虹”亮灯后会每隔一段时间闪一下？
- RGB 彩灯制作的人工“彩虹”，也能完成跑马灯的效果吗？
- 每次测试“彩虹灯”都要连接数据线，是否可以摆脱这种限制呢？

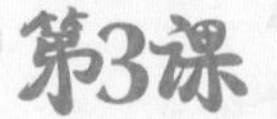

第3课 祝妈妈生日快乐

我们会提问

1. 机器人也会唱歌吗?
2. 音调和节奏怎样通过软件编程?

我们会实践

转眼之间,妈妈的生日就快到了。每次都是妈妈给我买礼物过生日，这次我想通过自己的编程，设计一款独一无二的会唱生日歌的机器人，给妈妈一个惊喜！在大家的帮助下，我们小组先搜索到了《生日快乐歌》简谱，如图 3-1 所示。

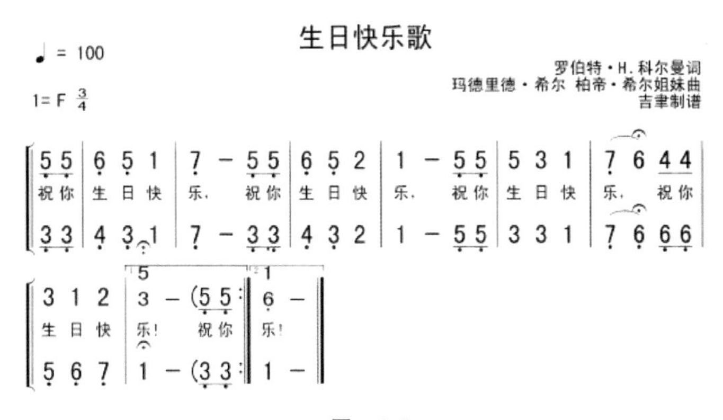

图　3-1

音乐老师讲过，音调是以某一特定频率重复出现的声音。C 大调的音阶是：C、D、E、F、G、A、B，对应 do、re、mi、fa、so、la、ti，正好 mCore 控制板上的蜂鸣器可以发出不同的频率，只要通过编程设置这种发声频率和长短，就可以演奏出生日歌了。带着这样的设想，我们在 mBlock 软件中尝试寻找答案，最后我们在“机器人模块”里找到了这两条语句，如图 3-2 所示。

图　3-2

根据乐谱，我们编写了《生日快乐歌》的旋律，如图 3-3 和

图 3-4所示。

```
当 被点击
重复执行
    播放 音调为 G4 节拍为 四分之一
    播放 音调为 G4 节拍为 四分之一
    播放 音调为 A4 节拍为 二分之一
    播放 音调为 G4 节拍为 二分之一
    播放 音调为 C5 节拍为 二分之一
    播放 音调为 B4 节拍为 二分之一
    停止播放
    等待 0.5 秒
    播放 音调为 G4 节拍为 四分之一
    播放 音调为 G4 节拍为 四分之一
    播放 音调为 A4 节拍为 二分之一
    播放 音调为 G4 节拍为 二分之一
    播放 音调为 D5 节拍为 二分之一
    播放 音调为 C5 节拍为 二分之一
    停止播放
```

图 3-3

```
    等待 0.5 秒
    播放 音调为 G4 节拍为 四分之一
    播放 音调为 G4 节拍为 四分之一
    播放 音调为 G5 节拍为 二分之一
    播放 音调为 E5 节拍为 二分之一
    播放 音调为 C5 节拍为 二分之一
    播放 音调为 B4 节拍为 二分之一
    播放 音调为 A4 节拍为 二分之一
    播放 音调为 F5 节拍为 四分之一
    播放 音调为 F5 节拍为 四分之一
    播放 音调为 E5 节拍为 二分之一
    播放 音调为 C5 节拍为 二分之一
    播放 音调为 D5 节拍为 二分之一
    播放 音调为 C5 节拍为 二分之一
    停止播放
    等待 0.5 秒
```

图 3-4

我们会探索

当我们试着播放旋律时，突然发现一个问题：如果要连上计算机才能播放歌曲，多麻烦啊！大家决定解决数据线的束缚问题。通过老师提示，我们发现，原来开源机器人还有一种脱机工作方式，也就是将代码存储到控制板上，通电之后直接运行。为了一并解决播放时机和脱机运行的问题，我们找到了如下的办法。

一、修改脚本运行方式

为了把在线运行方式变为脱机运行，我们首先需要修改脚本语句：

1. 在指令模块区“脚本”标签栏的“机器人模块”中，找到“mBot 主程序”，如图 3-5 所示。

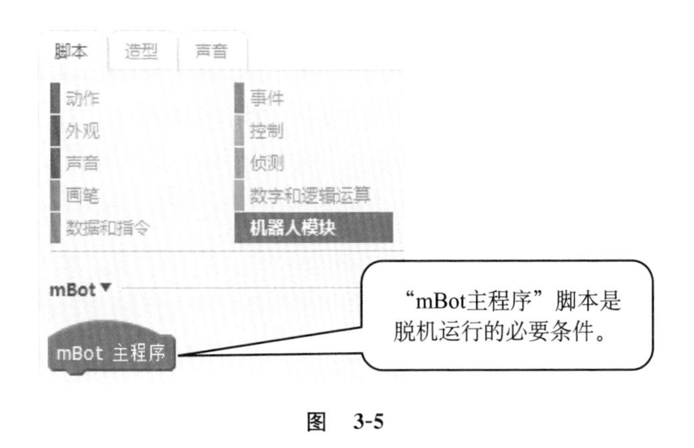

图　3-5

2. 将“绿旗”脚本拖入指令模块区进行删除，重新拖入“mBot 主程序”脚本语句，与剩下的脚本进行组合，如图 3-6 所示。

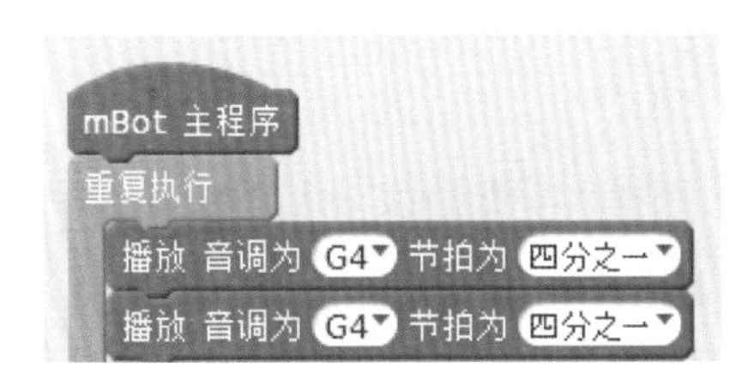

图　3-6

3. 从“控制”类脚本中，找到 在 之前一直等待 拖入脚本编辑区，插入重复执行下面的第一行里，再拖入尖角条件脚本 板载按钮 已按下 到空白栏，如图 3-7 和图 3-8 所示。

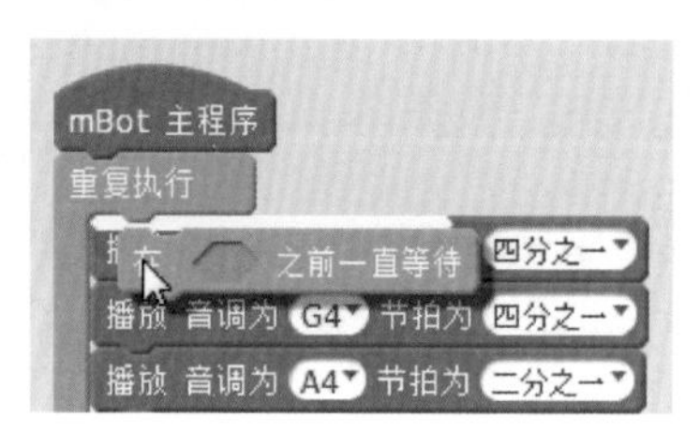

图 3-7

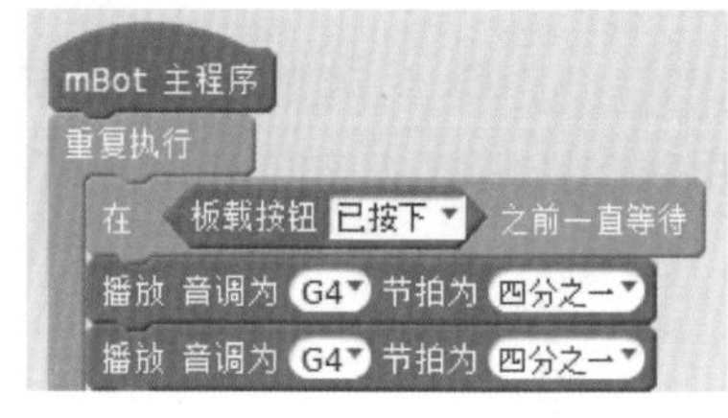

图 3-8

二、上传脚本到控制板

连接好串口之后，选择“编辑”菜单下的“Arduino 模式”，这时候软件窗口右侧会出现自动生成的代码语句，单击“上传到 Arduino”；

当出现“上传完成”时，表示大功告成！如图 3-9、图 3-10 和图 3-11 所示。

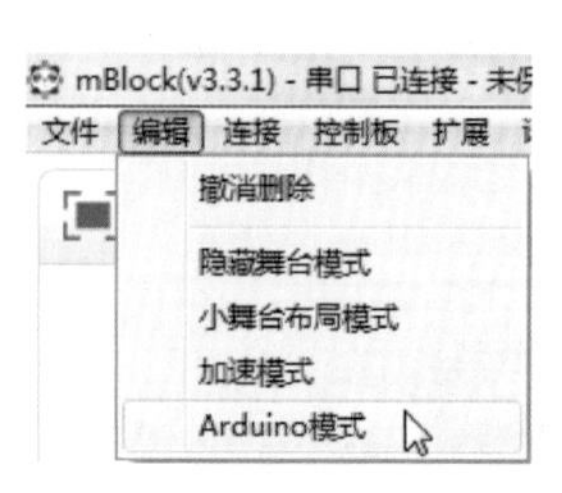

图 3-9

图 3-10

图 3-11

我们会分享

机器人果然会唱歌，这下我们就可以在妈妈的生日那天给妈妈一个惊喜了，期待看见妈妈脸上开心的笑容。我还准备把爸爸妈妈最喜欢的________、________歌曲编写到机器人里，让它唱出更多好听的旋律。

我们会思考

通过这次创客活动，我们觉得还可以进一步改进唱歌机器人，比如：

- 让机器人唱歌时，发出各种好看的灯光。
- 修改歌曲启动方式，做到拍拍手机器人就能自动唱歌。

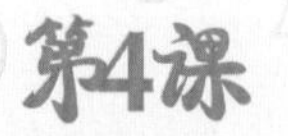

第4课 我的遥控我做主

我们会提问

1. mBot 搭建的小车是什么样子的？

2. 有几种方式遥控 mBot 小车？

我们会实践

通过前面课程的学习，小伙伴们都按捺不住自己的心情了，都想马上把 mBot 包装盒上的小车搭建起来。借助说明书的帮助，我们一步一步很快就将小车零件组装了起来，如图 4-1 所示。

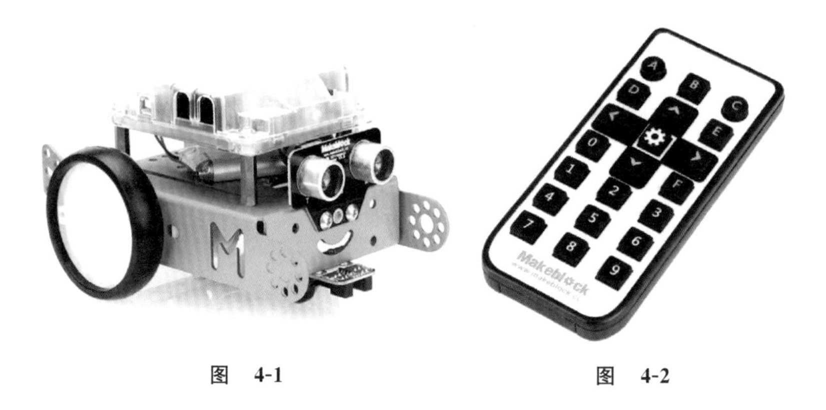

图　4-1　　　　图　4-2

怎样控制小车运行呢？首先我们想到的是说明书上介绍的方式：使用红外遥控器控制小车，如图 4-2 所示。采用这种方式，需要先在 mBlock 软件中，上传出厂程序到 mCore 控制板，方法如图 4-3 所示。

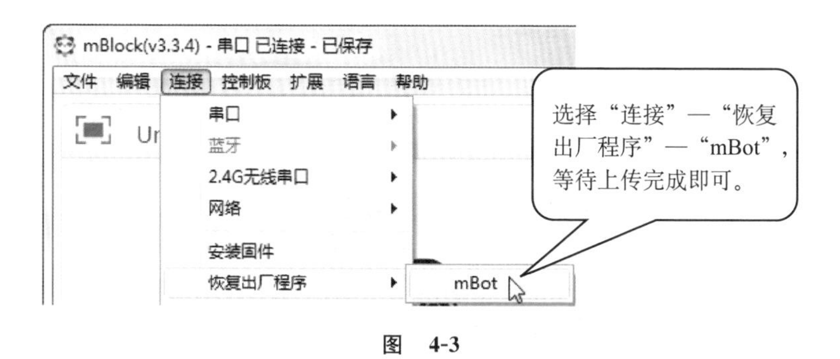

图　4-3

这时候，断开 USB 连接线，使用锂电池供电，我们就可以用红外遥控器无线遥控小车了。

我们会探索

用计算机是否也能控制小车的动作呢？小刚脑袋里突然冒出来这样的想法。于是我们打算在计算机端插上 2.4G 无线通信模块试一试。

一、将电脑和 2.4G 模块进行无线连接

根据说明书和老师的提示，连接 2.4G 模块的操作步骤如图 4-4～图 4-9 所示。

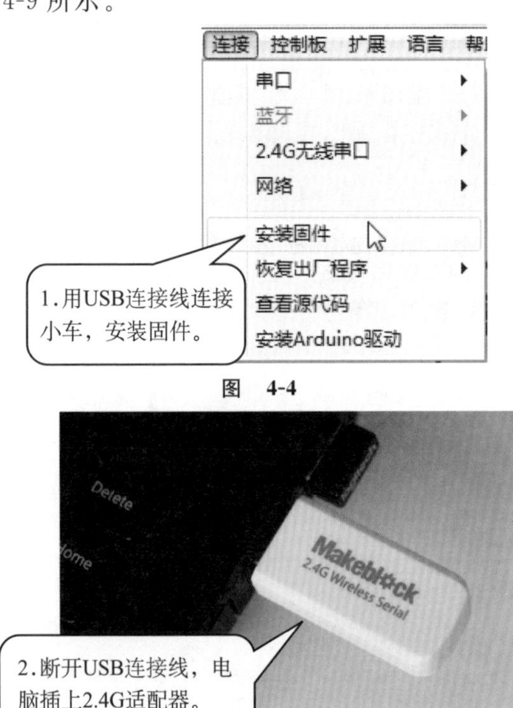

图 4-4

图 4-5

驱动程序软件安装

USB Input Device 已安装

USB Input Device　可以使用

关闭(C)

图　4-6

USB 输入设备
成功安装了设备驱动程序。
3.等待驱动程序自动安装完毕。
星期三

图　4-7

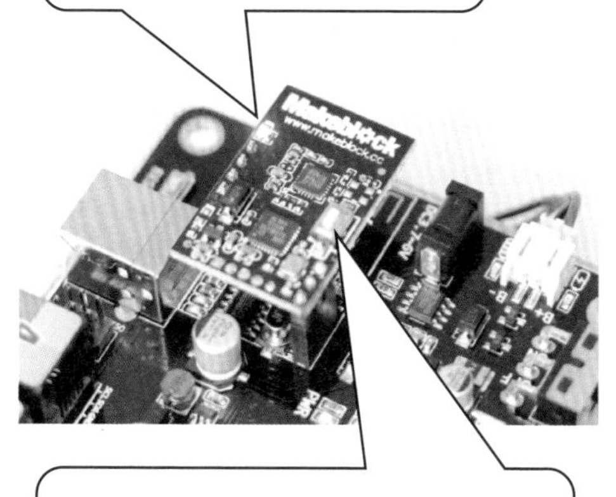
4.插上2.4G模块到mCore控制板，打开mBot电源，蓝灯常亮表示配对成功。
Makeblock
www.makeblock.cc
6.如果发现连接之后，脚本不能正常运行，可以按下2.4G模块上的白色按钮，再插上USB适配器。

图　4-8

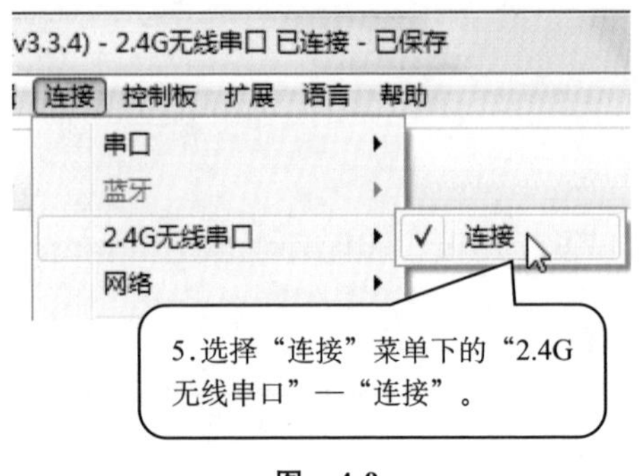

图 4-9

二、让小车听我指挥行动

无线连接好 mBot 之后，接下来就是编写控制脚本了，我们从最简单的开始，循序渐进地进行了尝试。

1. 编写简易遥控脚本

我首先想到的是控制小车的基本操作：前进后退和左右转弯，通过脚本区下的事件类脚本语句，我们将相应的脚本组合了起来，如图 4-10～图 4-12 所示。

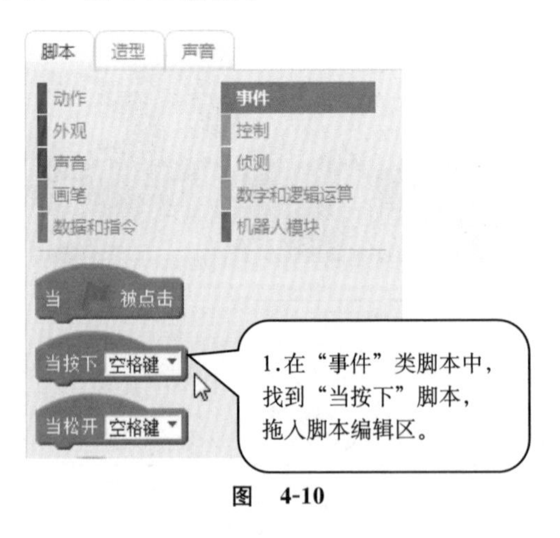

图 4-10

当按下 上移键
前进 转速为 100

2.然后在“机器人模块”下，将前进脚本拖入脚本编辑区组合起来。

图 4-11

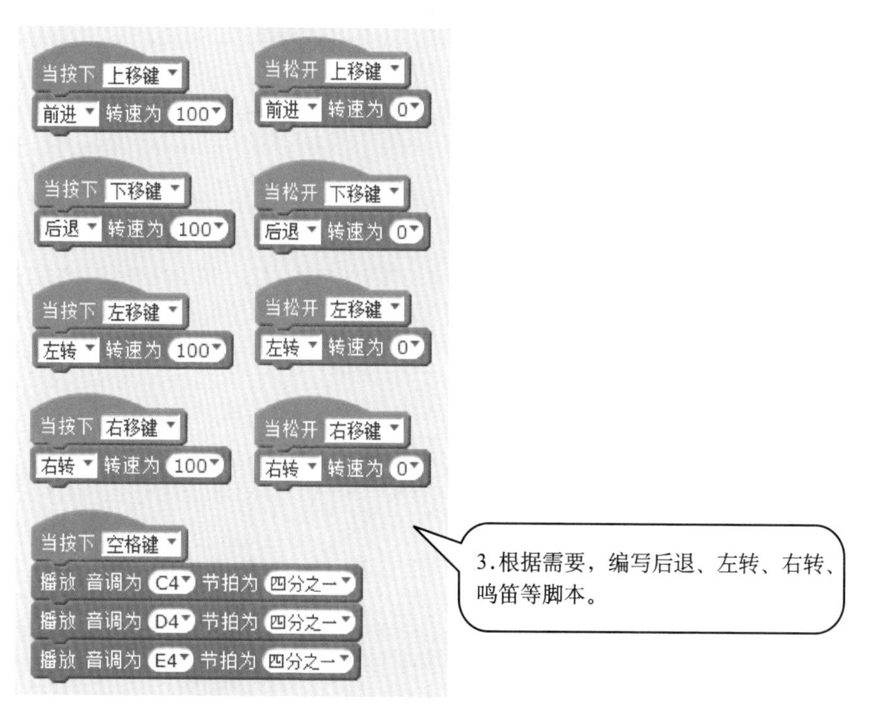

图 4-12

2. 灵活控制小车动作

我们发现前面的脚本无法实现遥控器的调速功能，于是大家准备增加脚本用键盘数字按键代替遥控器调速按键，怎样做呢？老师建议我们使用“变量”解决这个问题，如图 4-13 至图 4-15 所示。

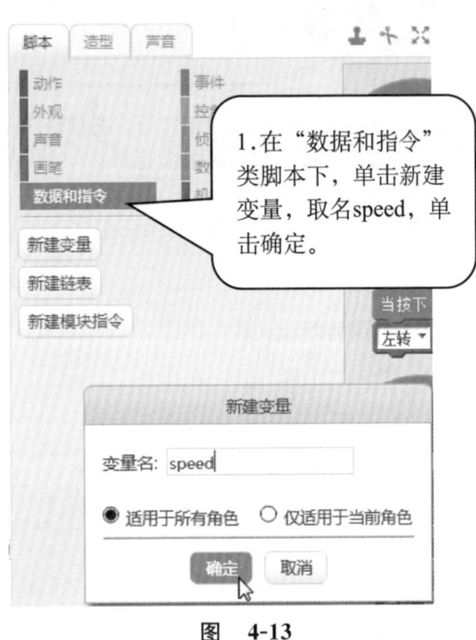

图 4-13

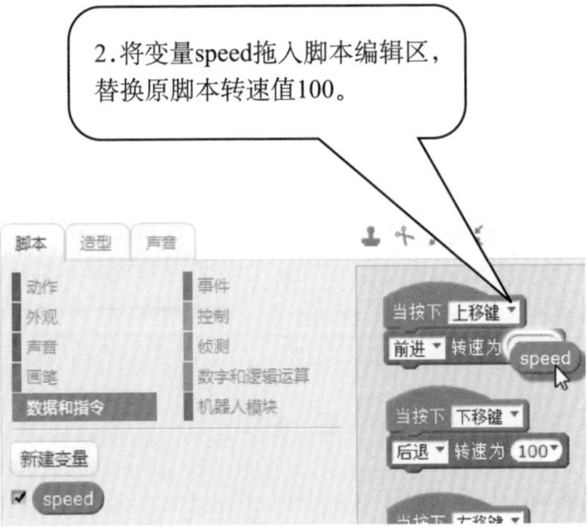

2.将变量speed拖入脚本编辑区，替换原脚本转速值100。

图 4-14

3.添加控制脚本，设置当按下1键时，变量speed值设定为100。

图　4-15

什么是变量

计算机中的“变量”一词来源于数学，是计算机语言中能储存计算结果或能表示值的抽象概念。简单地说，变量是存放数据的容器，可以按照需求修改变量值。当我们给变量取一个名字后，就可以在编程中需要使用的地方填写这个名字，使用变量，会让程序的编写更加清晰便捷。

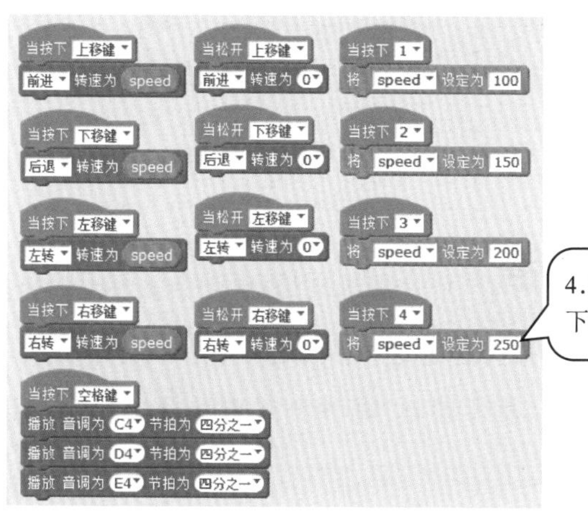

4.依次分别新建并设置按下2、3、4键时的speed值。

图　4-16

通过努力，我们终于用键盘实现了遥控器调速的效果，如图4-16所示，现在小车真正可以随心所欲地使用了，大家十分振奋。

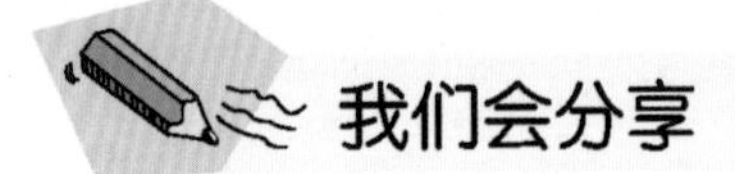

我们会分享

除此之外，我们发现了更好玩的无线控制方式：将2.4G无线通信模块从mCore控制板上小心地拆下来，更换为蓝牙模块之后，就可以使用手机蓝牙APP软件mBot遥控小车了，如图4-17所示。为此，我打算和小伙伴们开展一场__________________主题的比赛活动，看看谁的操控最棒！

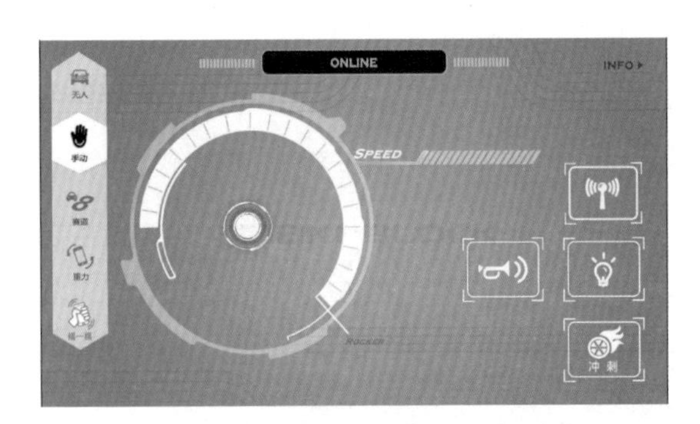

图 4-17

我们会思考

通过这次创客活动，我们还想进一步了解：

- 红外遥控器、2.4G、蓝牙控制，哪种方式更适合多台小车进行比赛呢？
- 如何自定义遥控器的按键功能呢？

第5课 闪躲的声控小车

我们会提问

1. 机器人小车是怎样实现避障的？
2. 不用按任何键也能启动小车吗？

我们会实践

我们发现，在 mBot 出厂设置的功能中，有一个避障模式，当小车前进遇到障碍物时会停下来朝其他方向转弯，这是怎么实现的呢？

阅读说明书，我们知道了 mBot 小车前面安装的超声波传感器，模仿了动物世界的蝙蝠发出的超声波信号，运用超声波遇到物体反弹的时间差，经过计算就能得出相对距离。这样，mBot 小车就能在临近障碍物的情况下做出转弯动作了。

我们看见超声波模块接口是黄色色标，如图 5-1 和图 5-2 所示，需要连接到主板上的黄色标识的接口，1—4 号接口都有黄色色标，所以可以随便接哪个。那么超声波模块检测到的数值是多少呢？我们小组打算先用 mBlock 测试一下它的数值变化情况，如图 5-3～图 5-6 所示：

图　5-1

图　5-2

1.将超声波模块用数据线连接到
mCore控制板接口3上。

图　5-3

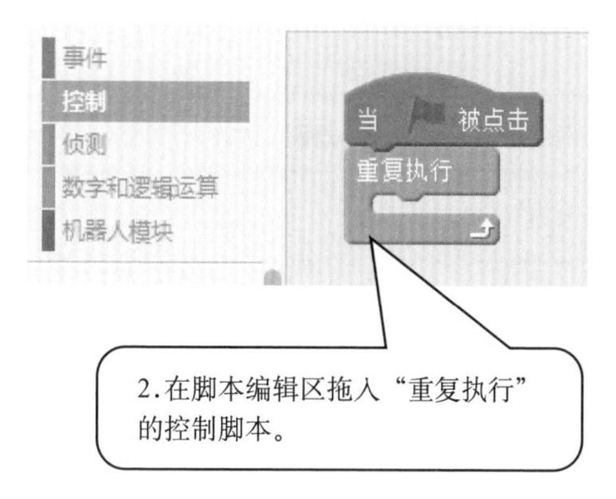

图 5-4

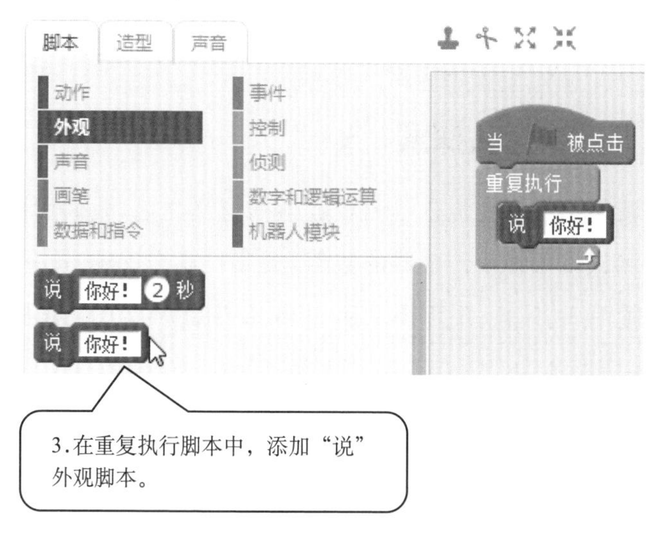

图 5-5

单击“绿旗”运行脚本后，我们发现熊猫角色显示了3位小数的数字并且在不断变化着，如图5-7所示。当我们把手从近到远挡住超声波传感器时，数字也从________到________，说明这个数字就是表示距离的值。

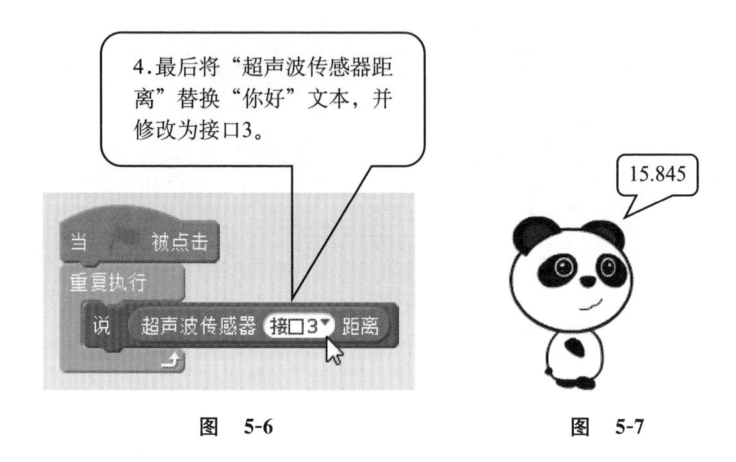
4.最后将“超声波传感器距离”替换“你好”文本，并修改为接口3。
当 被点击
重复执行
说 超声波传感器 接口3 距离
15.845

图 5-6　　图 5-7

我们会探索

弄清楚了超声波传感器测量数值的意义之后，我们用同样的方式也测试出了音量传感器的数值，大家打算亲手编写一个永远不会被撞到的小车，并且采用音量传感器启动小车。步骤是这样的：

一、加装音量传感器

要想让 mBot 小车识别音量大小，我们得在原有 mBot 基础上，安装新的音量传感器，它会占用一个接口，如图 5-8 至图 5-11 所示。

1.拆掉mBot尾部两颗螺丝，安装好铜柱。

图 5-8

2.使用两颗螺丝和螺母将音量传感器
固定到连接片上。

图 5-9

3.再把固定好音量传感器的连接片，
拧紧螺丝固定在铜柱上。

图 5-10

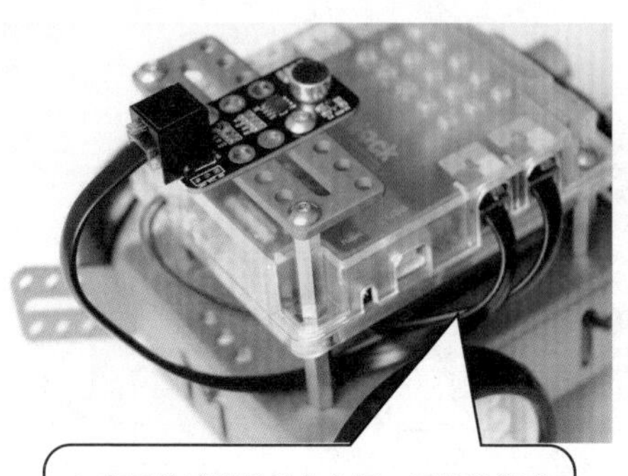

4.音量传感器是黑色色标，可以连接到3号或4号接口上，这里连接4号接口。

图 5-11

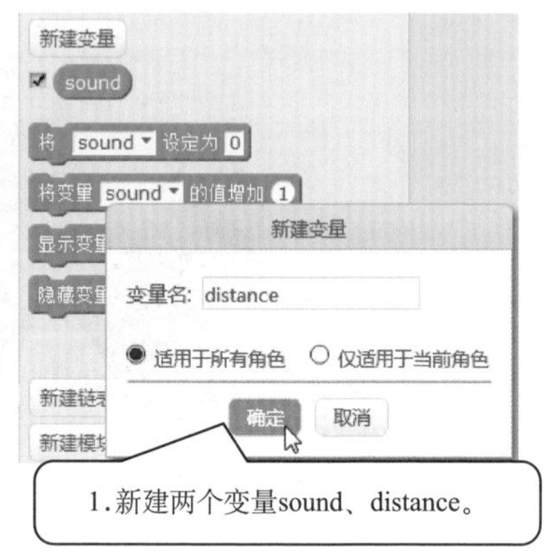

图 5-12

二、编写声控避障小车脚本

为了将想法变为现实，小组讨论觉得这次编程重点需要解决两个问题，一个是音量设置多大启动小车比较合适；另一个是超声波检测距离设置多少最安全。经过实际测试，我们找到了合适的值，如图 5-12～图 5-15 所示。

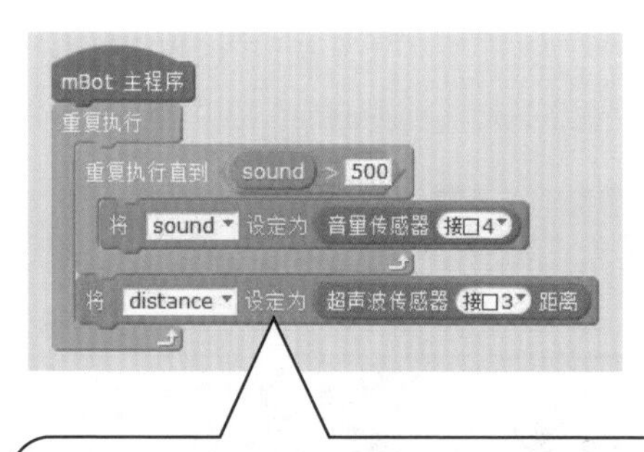

图 5-13

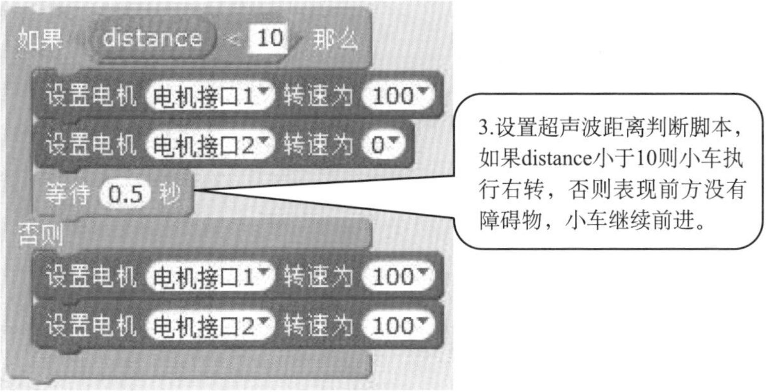

如果 distance < 10 那么
设置电机 电机接口1 转速为 100
设置电机 电机接口2 转速为 0
等待 0.5 秒
否则
设置电机 电机接口1 转速为 100
设置电机 电机接口2 转速为 100

3.设置超声波距离判断脚本，如果distance小于10则小车执行右转，否则表现前方没有障碍物，小车继续前进。

图　5-14

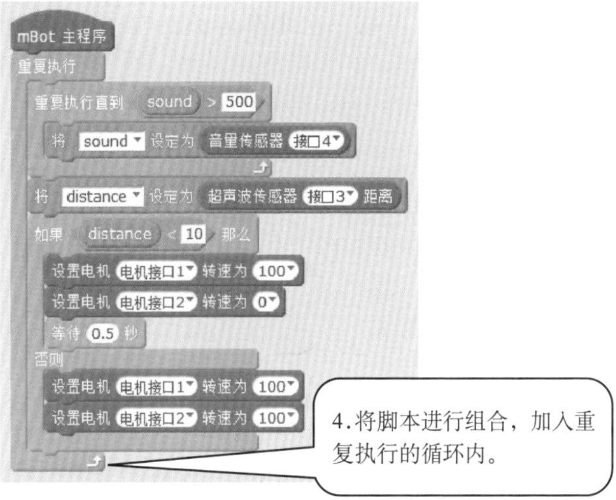

mBot 主程序
重复执行
重复执行直到 sound > 500
将 sound 设定为 音量传感器 接口4
将 distance 设定为 超声波传感器 接口3 距离
如果 distance < 10 那么
设置电机 电机接口1 转速为 100
设置电机 电机接口2 转速为 0
等待 0.5 秒
否则
设置电机 电机接口1 转速为 100
设置电机 电机接口2 转速为 100

4.将脚本进行组合，加入重复执行的循环内。

图　5-15

小伙伴们赶紧将代码上传到 mCore 控制板进行脱机运行，效果和我们预想的一样，大家高兴地鼓起掌来。

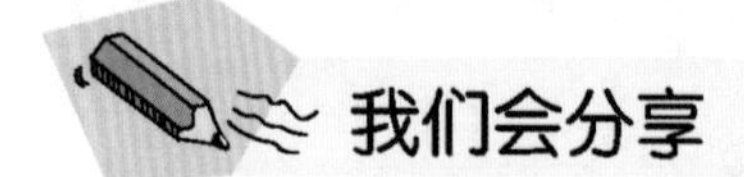

我们会分享

在本次创客活动中，给我最大帮助的人是________________。在制作过程中，我们小组还帮助了______________________。最后我们几个小组一起用声音启动小车，进行了一场小型闪躲比赛。

我们会思考

回家后，我还想进一步改进这个小车程序：

- 让小车在转弯的时候发出声音，并且闪烁灯光。
- 喊一次小车启动，再喊一次小车停止。

第6课 轨道小小巡逻员

我们会提问

1. 机器人小车是怎样实现巡线的？

2. 巡线小车能进行接力吗？

我们会实践

在上次探索 mBot 出厂设置的功能中，我们还发现了一个巡线模式，进入该模式后，把小车放在黑线地图上，小车会沿着黑线循环前进，像是巡逻员一样，这引起了我们的好奇。大家仔细观察了一下安装在 mBot 正前方的巡线模块，如图 6-1 和图 6-2 所示。

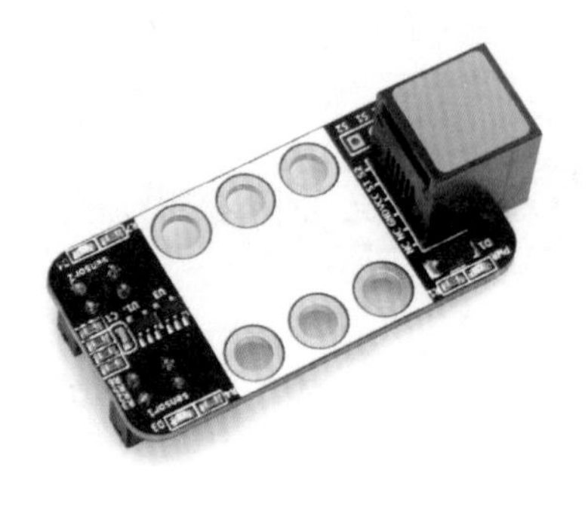

图 6-1

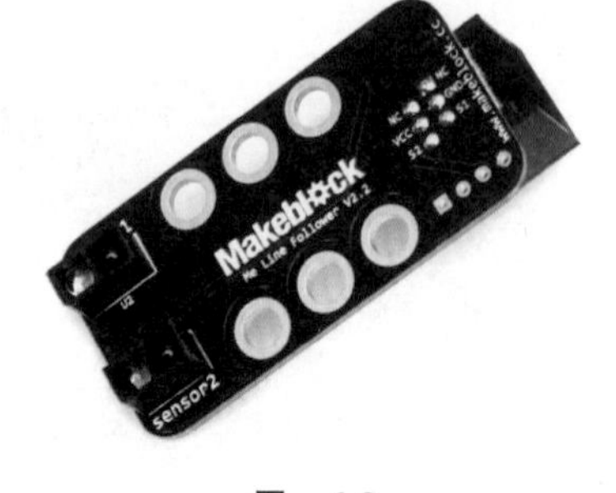

图 6-2

我们看见巡线模块是蓝色色标，反面左右各有两个传感器，通过老师介绍我们知道了每个传感器有一个红外发射 LED 和一个红外感应光电晶体管。打开电源，将 mBot 小车的巡线模块放在附送地图的白色区域，左右会有两盏蓝色 LED 灯亮起，如果把巡线模块放在黑线上蓝色 LED 灯就会熄灭，大家感觉这里面肯定有蹊跷，决定好好研究一番，如图 6-3 和图 6-4 所示。

1.将巡线模块用数据线连接到mCore控制板接口2上。

图 6-3

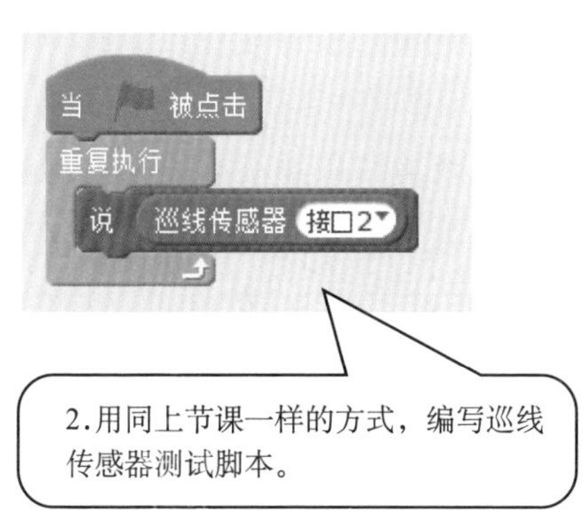

图 6-4

将 mBot 小车放在白纸上，单击“绿旗”运行脚本后，我们发现熊猫角色会显示数字 3，如图 6-5所示；拿起小车，当我们把手挡住巡线模块两边的传感器时，熊猫显示数字________；挡住左侧传感器时，熊猫显示数字________；挡住右侧传感器时，熊猫显示数字________。

图 6-5

巡线模块的工作原理

巡线模块是根据反射式光电传感器原理开发的机器人配件。利用红外线在不同颜色的物体表面具有不同的反射强度的特点，在小车行驶过程中不断地向地面发射红外光，当红外光遇到白色纸质地板时发生漫反射，反射光被装在小车上的接收管接收；如果遇到黑线则红外光被吸收，小车的接收管收不到红外光;通过是否收到反射回来的红外光为依据来确定黑线的位置和小车的行走路线(巡线传感器照到黑线时输出为0,照到白线时输出为1)。

通过查阅资料,原来蓝色LED灯亮起表示巡线模块的传感器收到了反射的红外光。那么当mBot小车放在白底黑线的地图上时,将巡线模块对准黑线,经过编程就可以实现小车按照黑线的轨迹行走了。弄清楚了原理,小伙伴们赶紧着手进行了脚本编写,如图6-6~图6-10所示。

数据和指令
机器人模块
新建变量
speed
status
1.新建speed和status两个变量，分别存储巡线速度和巡线模块状态值。

图 6-6

mBot 主程序
将 speed 设定为 150
在 板载按钮 已按下 之前一直等待
2.设置巡线速度为150，设置板载按钮按下后再运行巡线的脚本。

图 6-7

3.设置重复运行脚本，让每一次循环都读取当前巡线传感器的状态值。

图　6-8

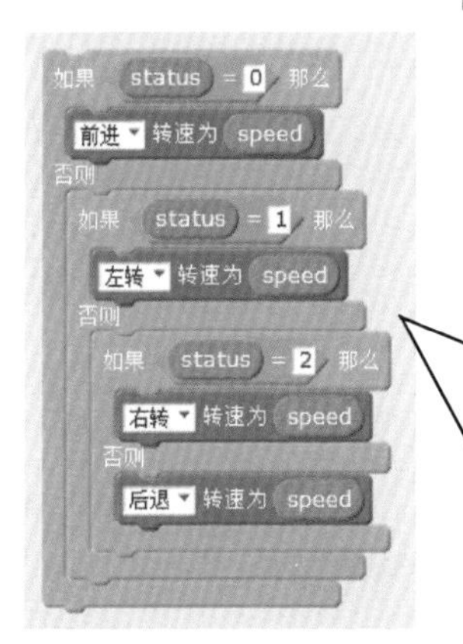

4.加入“如果……否则……”条件判断脚本，当巡线传感器状态值为0时，表示小车在黑线上；当巡线传感器状态值为____时，表示小车偏右，需要左转；当巡线传感器状态值为____时，表示小车偏左，需要右转；当巡线传感器状态值为____时，表示小车脱离了黑线，需要后退。

图　6-9

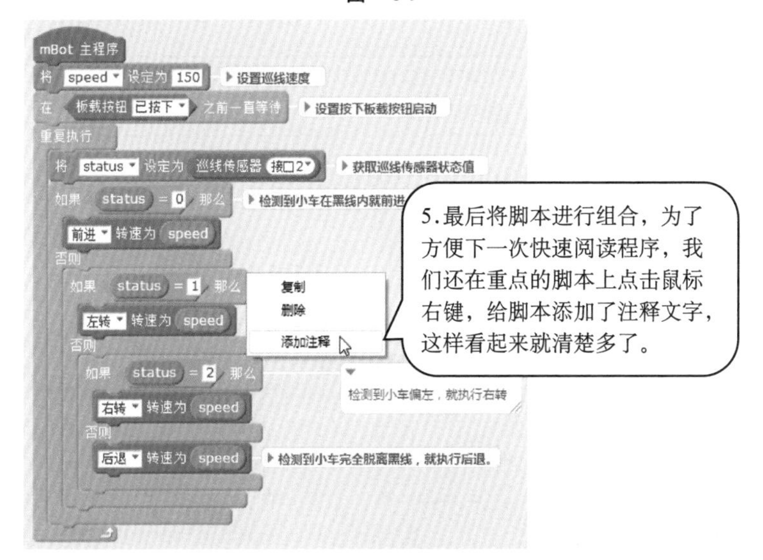

图　6-10

我们会探索

每次小区保安叔叔巡逻都是换班制，我们也想让 mBot 小车走完一圈之后自动启动第二辆小车。怎样实现这个功能呢？经过小组讨论和研究，我们把前面的脚本进行了修改，让两辆小车能够有一定的互动，步骤如图 6-11～图 6-14 所示。

图 6-11

图 6-12

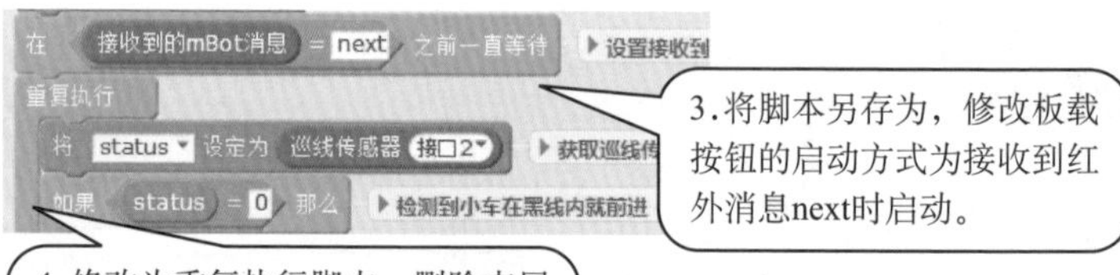

图 6-13

5.我们发现上传失败了，原来这是一个小BUG。在老师指导下，我们单击“用Arduino IDE编辑”，修改第20行代码为while(!(ir.getString()=="next"));即可上传成功。

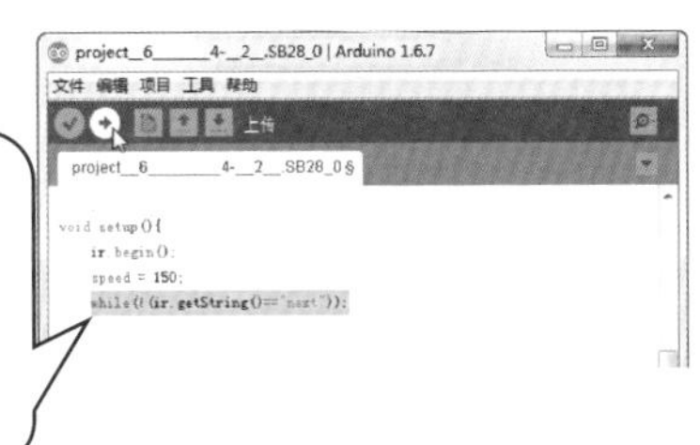

图 6-14

我们会分享

在本次创客活动中，给我最大帮助的人是________________。在制作过程中，我们小组还帮助了______________________。最后我们小组一起用两台 mBot 小车，模拟了一次巡逻接力实验。

我们会思考

通过这次学习，对于巡线的小车我还想知道：

- 巡线模块只能用来巡线吗？
- 如何用已经学习过的传感器设计一个小游戏？

第7课 做个安全小道闸

我们会提问

1. 舵机是怎样的一个器件？
2. 小区的道闸可以用机器人自动放行吗？

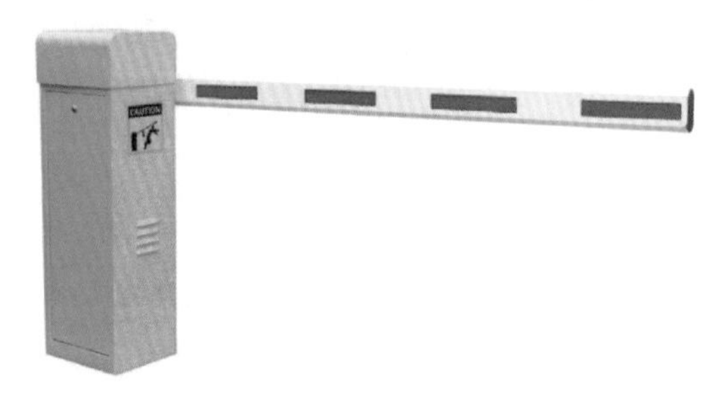

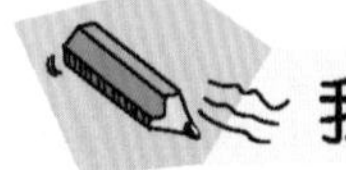

我们会实践

在 mBot 机器人拓展包里面，我们发现了一个蓝色的小器件，通过透明外壳可以看见里面有个小型的马达和若干齿轮，相配套的还有一些螺丝、舵臂和支架。

通过查阅资料，我们知道了这个器件叫作 9g 小舵机，是一种位置(角度)伺服的驱动器，如图 7-1 所示，适用于那些需要角度不断变化并可以保持的控制系统。目前在高档遥控玩具,如航模(包括飞机模型,潜艇模型)、遥控机器人中已经使用得比较普遍。舵机是一种俗称,其实是一种伺服马达。在 mCore 控制板上使用这类舵机,我们需要 RJ25 适配器配合使用,如图 7-2 所示。它到底能做什么呢?我们小组打算亲自试一试,如图 7-3～图 7-6 所示。

图 7-1

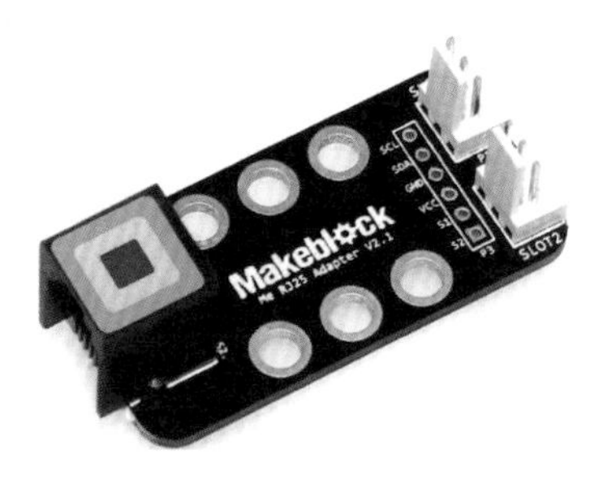

图 7-2

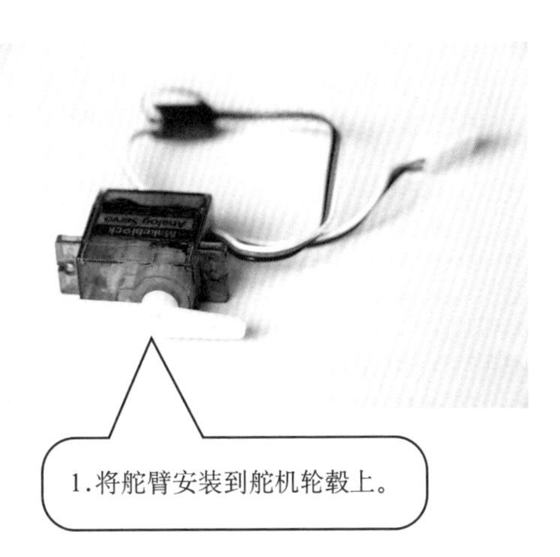

图 7-3

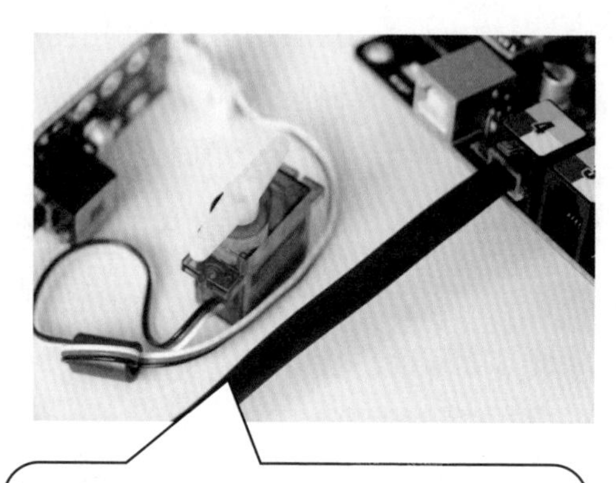
2.把舵机电源线插到RJ25适配器SLOT2（插头2）上，再把适配器连接到接口4。

图　7-4

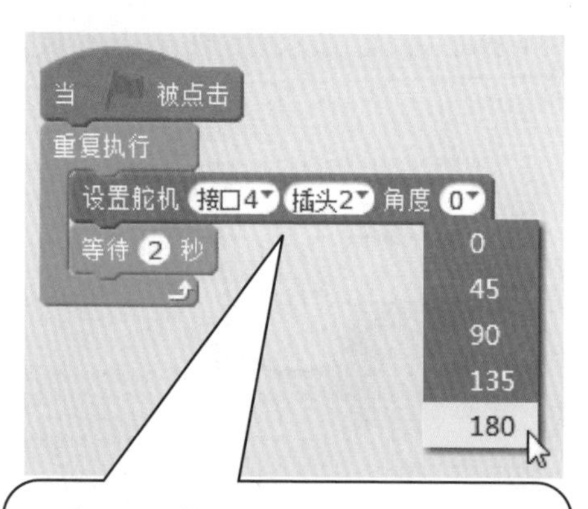
当 被点击
重复执行
设置舵机 接口4 插头2 角度 0
等待 2 秒
0
45
90
135
180
3.在mBlock软件中，从机器人模块拖入舵机设置脚本，选择接口4插头2角度0。

图　7-5

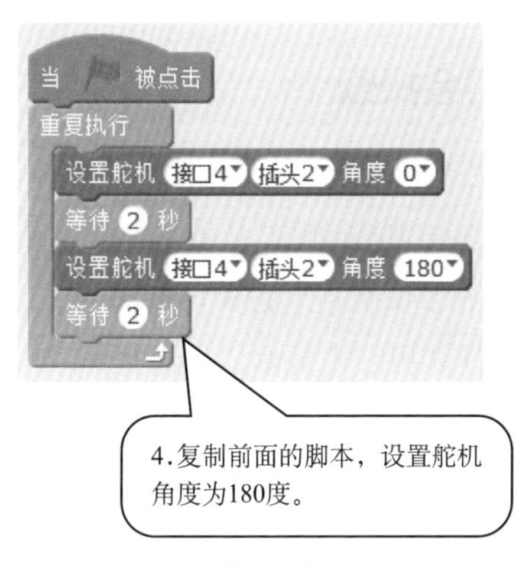

图　7-6

运行脚本我们看见齿轮带动舵臂从起始位置旋转了 180 度。根据需要,我们可以调整舵臂安装的角度,用螺丝拧紧固定,如图 7-7 所示。

图　7-7

我们会探索

从上节课的创客活动中,让我们联想到是否可以用 9g 小舵机模拟小区道闸的自动放行呢?是否还能显示小区空余车位的数量?为此,我们在开源机器人拓展包里找到了一个输出显示模块:七段数码管,打算用它来显示空余车位数,如图 7-8 和图 7-9 所示。

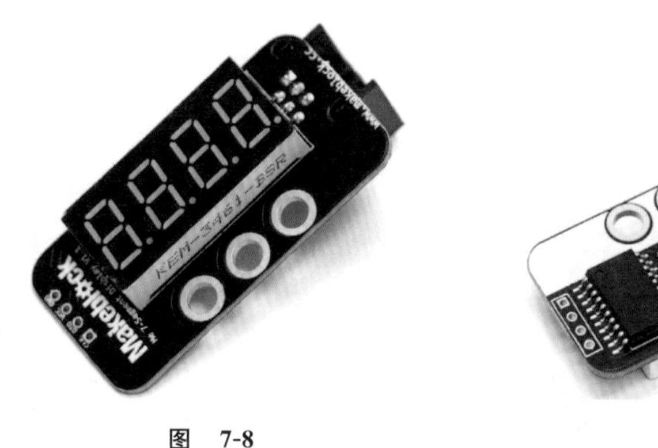

图 7-8　　　　图 7-9

一、搭建道闸岗亭

除了控制板、七段数码管之外,我们还需要准备超声波传感器、9g 小舵机、RJ25 适配器、支架、连杆、RGB 彩灯各 1 个,连接片 2 个,若干螺丝螺母和铜柱。如图 7-10～图 7-19 所示。

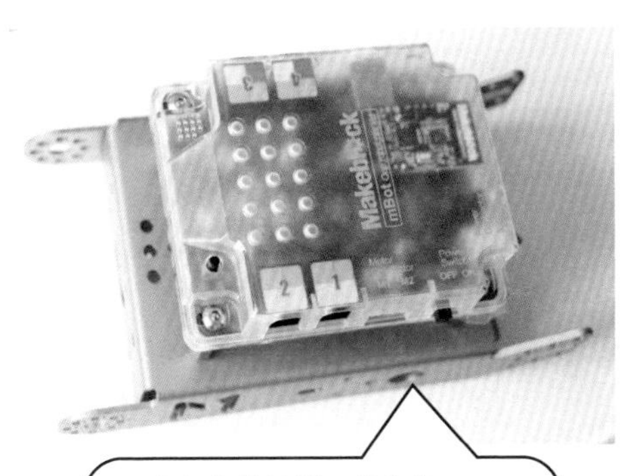

1.清点安装材料，首先将mBot小车两个轮子、马达和巡线模块拆下来。

图　7-10

2.拆下超声波传感器，将它安装在原小车的左前侧，连接口3。

图　7-11

3.拆掉mCore控制板后方的螺丝，拧上铜柱。

图 7-12

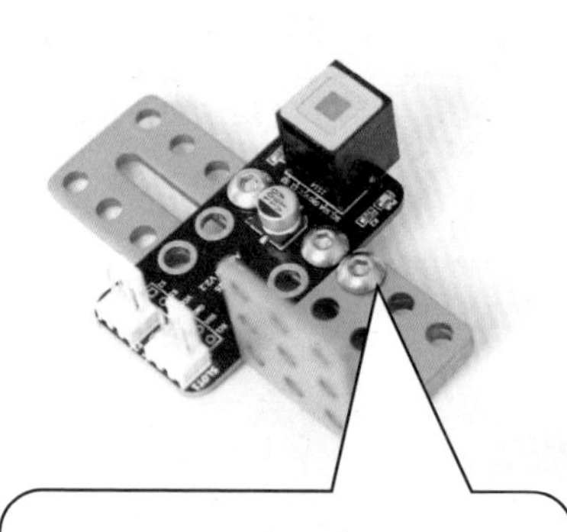

4.使用3对螺母螺丝将直角支架、RJ25适配器固定在连接片上。

图 7-13

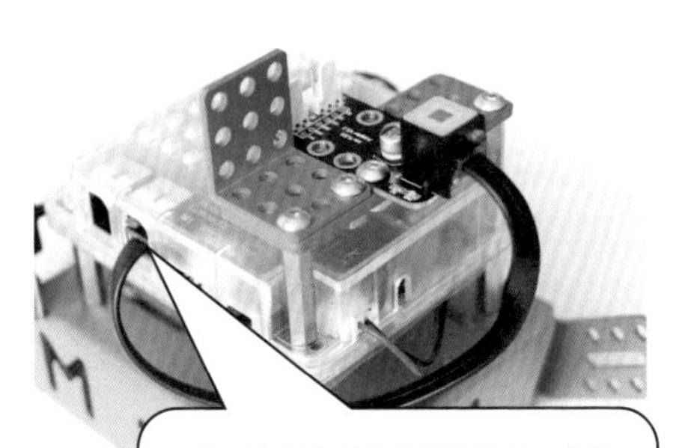

5.将固定好上层建筑的连接片，安装在铜柱上，用螺丝拧紧，连入接口1。

图　7-14

6.将舵机商标朝左，套上矩形舵机支架后，用舵机包里的专用螺丝固定好。

图　7-15

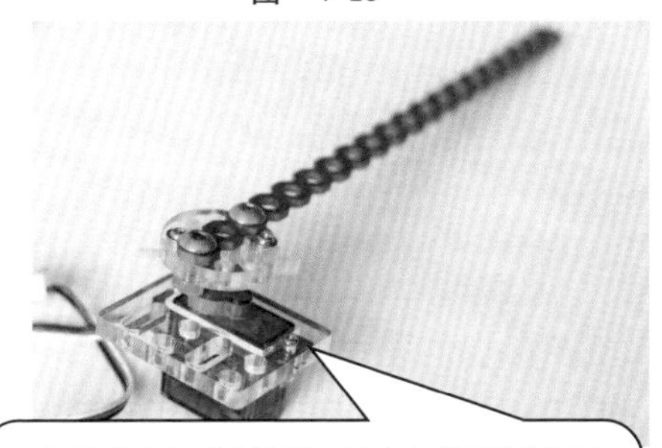

7.用舵机支架对准舵臂，用自攻螺丝拧紧固定位置，并用螺丝固定好连杆。

图　7-16

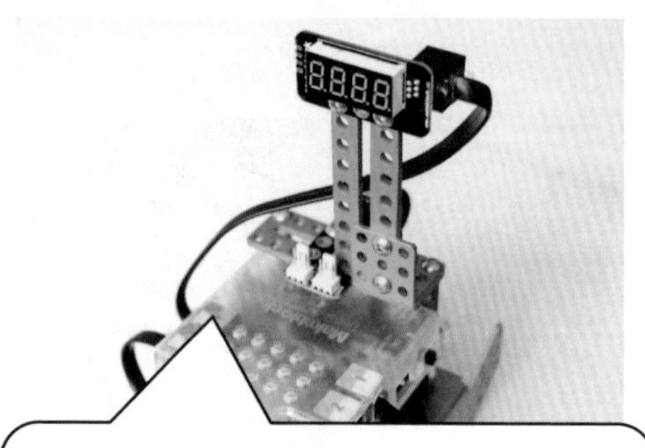

8.在直角支架上固定好连接片，顶部安装好七段数码管，连接口4。

图 7-17

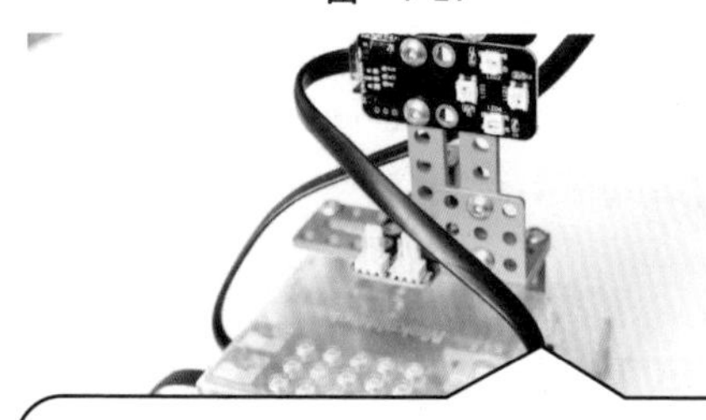

9.在七段数码管正下方，用两对螺母螺丝固定好RGB彩灯，连接口2。

图 7-18

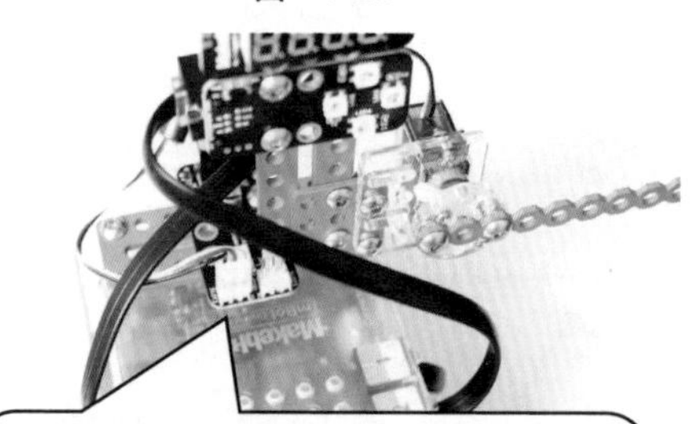

10.最后将舵机部分固定在直角支架上，插入RJ25适配器插头2。

图 7-19

二、编写道闸脚本

我们的主要设想是使用这些电子模块完成：当小车进入小区且有空余车位时自动开闸，当小区空余车位为0时关闭道闸。我们的做法是：

1. 设置变量和初始值，如图7-20和图7-21所示。

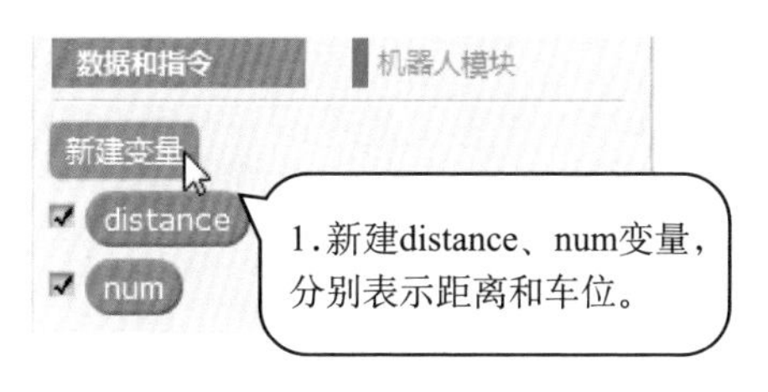

图 7-20

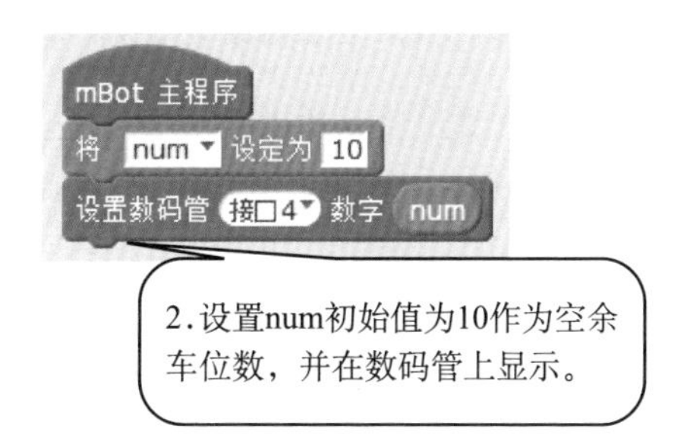

图 7-21

2. 设置循环检测超声波距离，如图7-22所示。

3. 设置道闸开启脚本和道闸关闭脚本，如图7-23～图7-25所示。

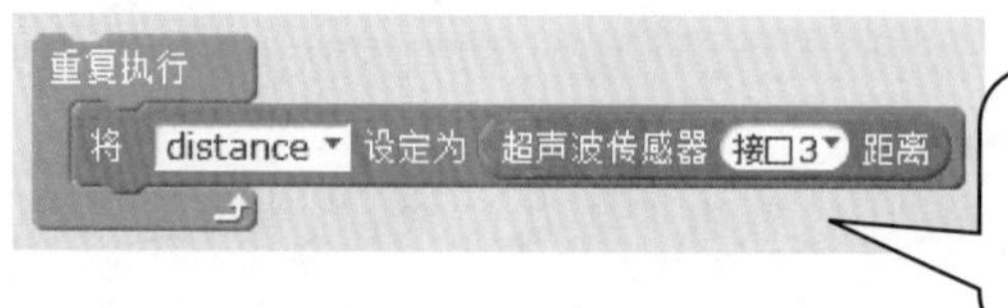

重复执行
将 distance 设定为 超声波传感器 接口3 距离
拖入重复执行脚本，将接口3超声波检测的值存入变量distance。

图 7-22

如果 num > 0 那么
设置LED 接口2 全部 红色 0 绿色 150 蓝色 0
设置舵机 接口1 插头2 角度 105
1.拖入条件判断“如果……”脚本，设置当空余车位数不为0时道闸抬起并亮绿灯，角度根据实际情况可能需要修改。

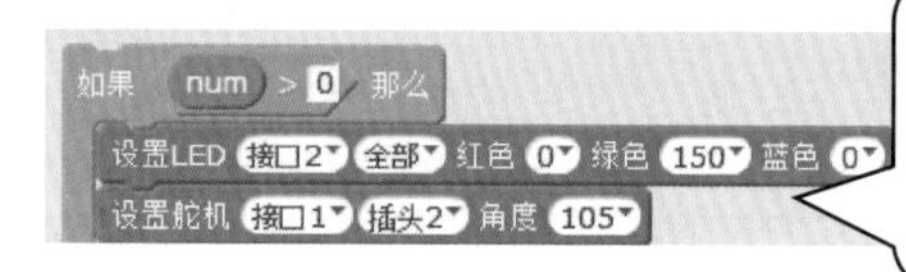

图 7-23

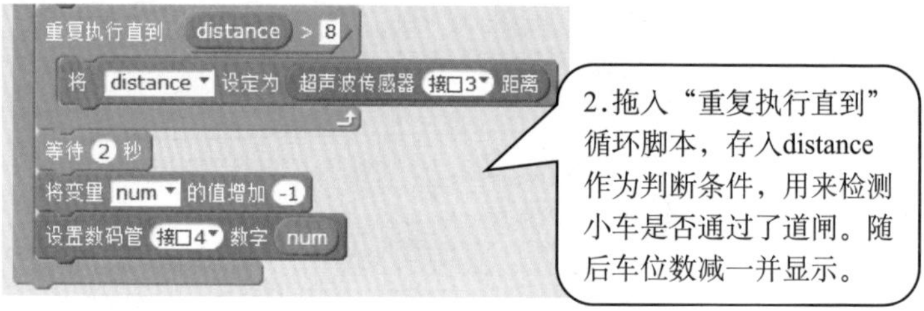

重复执行直到 distance > 8
将 distance 设定为 超声波传感器 接口3 距离
等待 2 秒
将变量 num 的值增加 -1
设置数码管 接口4 数字 num
2.拖入“重复执行直到”循环脚本，存入distance作为判断条件，用来检测小车是否通过了道闸。随后车位数减一并显示。

图 7-24

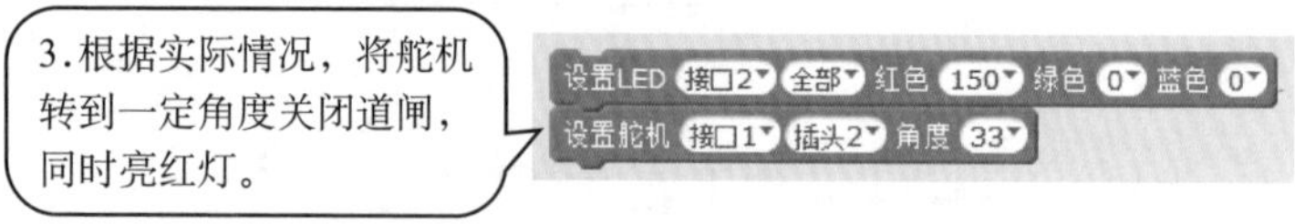

3.根据实际情况，将舵机转到一定角度关闭道闸，同时亮红灯。
设置LED 接口2 全部 红色 150 绿色 0 蓝色 0
设置舵机 接口1 插头2 角度 33

图 7-25

4. 提高准确度，组合脚本，如图 7-26 所示。

```
mBot 主程序
将 num 设定为 10
设置数码管 接口4 数字 num
重复执行
    将 distance 设定为 超声波传感器 接口3 距离
    如果 distance > 0 且 distance < 5 那么
        如果 num > 0 那么
            设置LED 接口2 全部 红色 0 绿色 150 蓝色 0
            设置舵机 接口1 插头2 角度 105
            重复执行直到 distance > 8
                将 distance 设定为 超声波传感器 接口3 距离
            等待 2 秒
            将变量 num 的值增加 -1
            设置数码管 接口4 数字 num
    否则
        设置LED 接口2 全部 红色 150 绿色 0 蓝色 0
        设置舵机 接口1 插头2 角度 33
```

1.拖入条件判断“如果……否则……”脚本，设置条件为distance大于0并且小于5时才开启道闸，防止超声波误判。

2.将道闸开启脚本和道闸关闭脚本拖入条件判断脚本相应位置，组合成完整脚本。

图　7-26

我们会分享

在本次创客活动中，给我最大帮助的人是＿＿＿＿＿＿＿＿。在制作过程中，同伴提出可以再制作一个人工收费的出口道闸，和前面制作好的入口道闸组成一套完整的系统。

大家一致认为，可以在原有搭建好的基础上，进行适当改装，去掉＿＿＿＿＿，换成＿＿＿＿＿，再修改若干脚本。虽然老师没有公布答案，但我们肯定能完成。

图 7-27　现实里的道闸

图 7-28　我们设计的机器人道闸

我们会思考

通过这次学习，我们有了一些新的想法：

- 关闭道闸的时候，舵机总是会抖动，怎么解决这个问题？
- 超声波传感器测量的数值常常不稳定，有没有替代的设备？
- 能否用数码管模块做一个电子表呢？

第8课 玩玩幸运大转盘

我们会提问

1. RJ25 适配器模块还能接什么设备？

2. 灯带有哪些好玩的用途呢？

我们会实践

在使用 mBlock 编写脚本的时候，我们发现在机器人模块的脚本语句中，有个设置灯带的脚本和之前学过的设置 LED 的脚本十分相似，如图 8-1 所示。

图　8-1

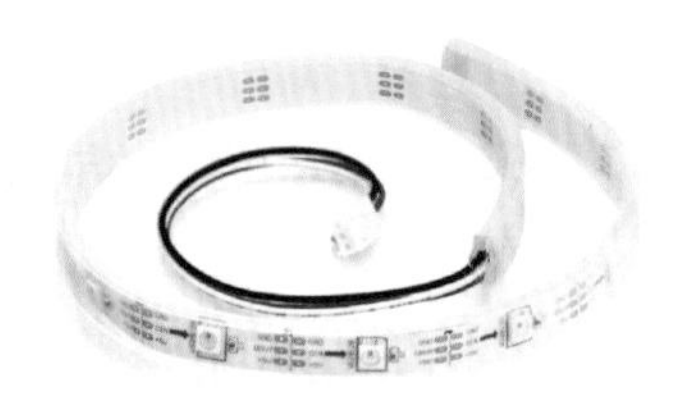

图　8-2

通过对比，大家知道了原来灯带就是多个 RGB 彩灯串成的带状发光 LED 模块。我们还发现，这样的灯带由 3 根线组成，上面印刷有 GND、DOUT/DIN、＋5V 的字样，引出了黑白红 3 根线的插头正好可以插入 RJ25 适配器模块的插头，如图 8-2 和图 8-3 所示。为了弄清楚它们的含义，我们查阅了相关资料。

图　8-3

GND 和 VCC

电路图上和电路板上的 GND(Ground)代表地线或 0 线，GND 就是公共端的意思，也可以说是地，但这个地并不是真正意义上的地，是出于应用而假设的一个地，对于电源来说，它就是一个电源的负极。而在电子电路中，VCC是电路的供电电压，C=circuit是电路的意思，即接入电路的电压。

原来前面的+5V就表示电路的电压是5V。这条1米长的灯带上，有30个RGB彩灯，真的可以让它们都发光吗？小伙伴们打算先来个简单的脚本测试一下，如图8-4～图8-6所示。

1.将灯带一端连接到RJ25适配器模块的插头1上，连入接口1。

图 8-4

第一次实验结果完全如我们预期一样，所有RGB彩灯都呈现红绿蓝交替点亮的状态，而第二次实验结果不少同学都猜错了，亮灯的对象由“全部”修改为具体数字的意义，不是指亮灯的数量，而是指________________。

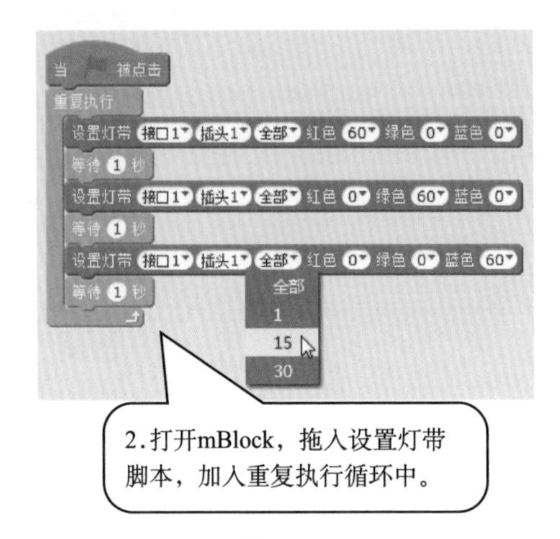

图 8-5

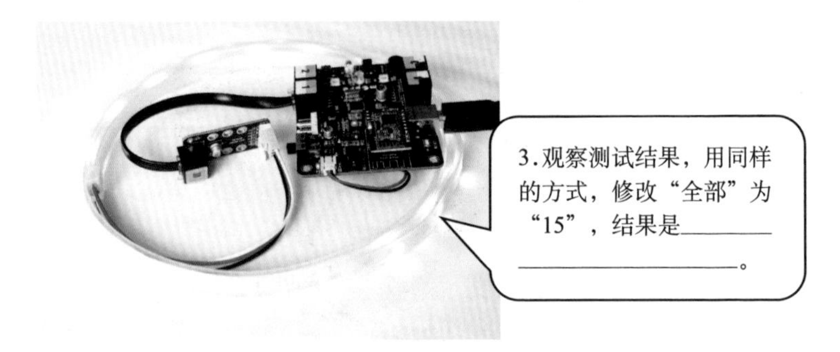

3.观察测试结果，用同样的方式，修改“全部”为“15”，结果是________________________。

图 8-6

我们会探索

通过两次实验的小发现，让我们联想到了超市里做促销活动时的幸运大转盘。大家一致决定运用灯带的特点，也来动手制作一个 RGB 彩灯版本的幸运大转盘，操作步骤如下。

一、制作幸运大转盘主体结构

为了观众方便观看，需要将大转盘竖起来，根据前面的搭建经验，可以适当在道闸的基础上改装一下，如图 8-7～图 8-10 所示。

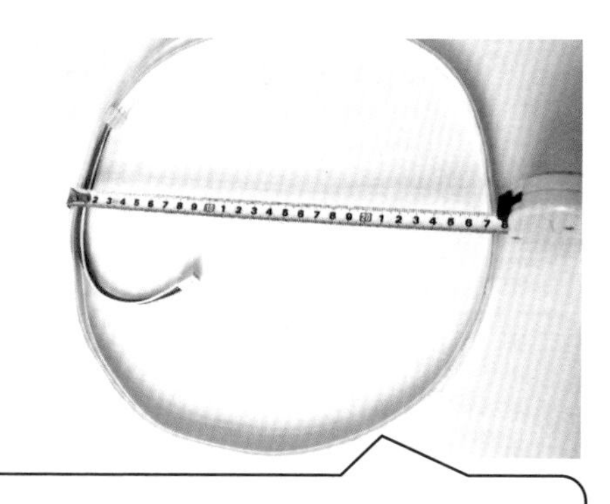

1.将灯带围成一个正圆，测量它的直径大小。

图　8-7

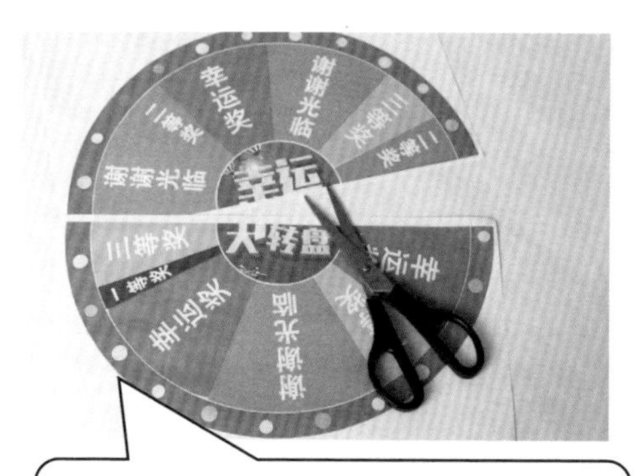

2.根据测量的直径，双面打印同样大小的转盘贴纸，用胶水或透明胶带粘好做成转盘。

图　8-8

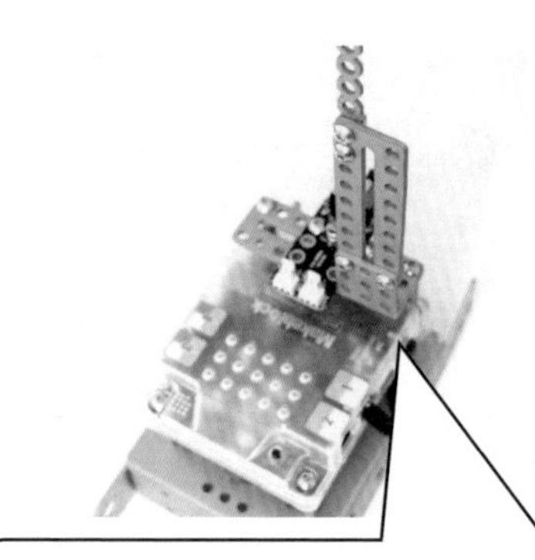

3.拆除道闸系统的无关部分及其连接线，适当调整连接片的高度，并固定一根连杆。

图　8-9

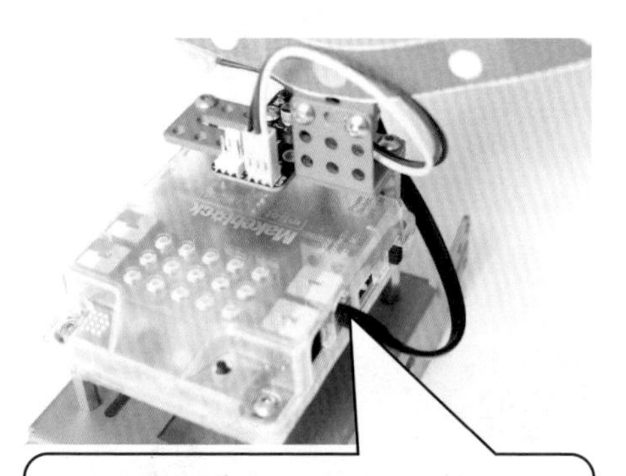

4.将转盘插入连杆，灯带插上RJ25适配器插头1，连入接口1。

图　8-10

二、编写幸运大转盘脚本

为了模拟幸运大转盘的效果，我们打算让 RGB 彩灯亮起两种颜色，用红色的 1 盏 RGB 灯表示当前指针的位置，当按下板载按钮后，红灯停下来的位置对应大转盘图片判断是否中奖。脚本是这样设计的，如图 8-11～图 8-15 所示。

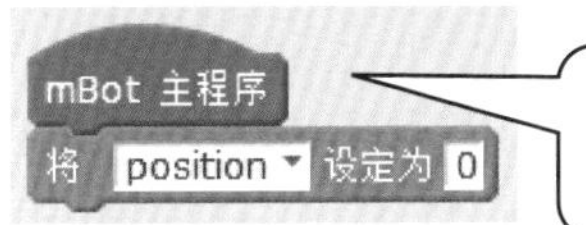

1.添加mBot主程序脚本，新建变量position，代表亮灯的位置，将其设定为0。

图 8-11

2.添加“重复执行直到”脚本，设置条件为“板载按钮已按下”，循环内容是每循环一次，position的值增加1，增加到实际使用的27时表示所有RGB灯亮起，则从头开始。

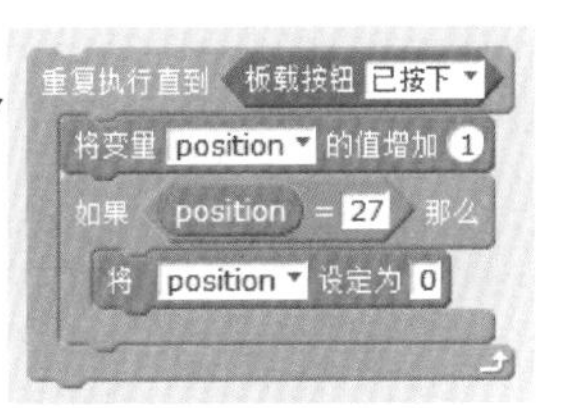

图 8-12

3.添加亮灯规则的脚本。每次循环时，将position位置的RGB彩灯亮红色，后面一个位置的亮蓝色。

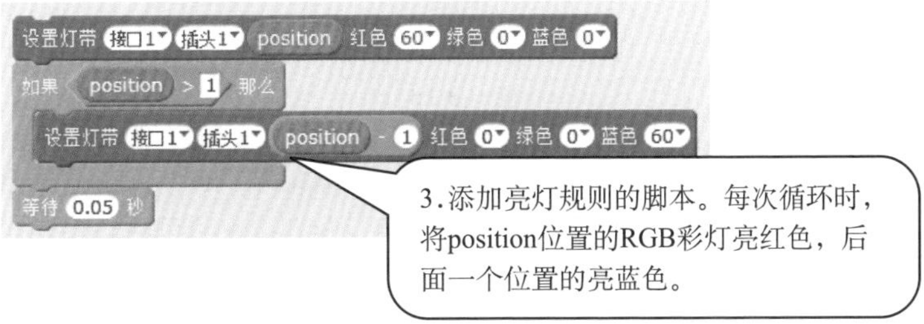

图 8-13

```
mBot 主程序
将 position 设定为 0
重复执行直到 板载按钮 已按下
    将变量 position 的值增加 1
    设置灯带 接口1 插头1 position 红色 60 绿色 0 蓝色 0
    如果 position > 1 那么
        设置灯带 接口1 插头1 position - 1 红色 0 绿色 0 蓝色 60
    等待 0.05 秒
    如果 position = 27 那么
        将 position 设定为 0
        设置灯带 接口1 插头1 27 红色 0 绿色 0 蓝色 60
```

4.将脚本组合检查之后上传Arduino脱机运行。

图 8-14

图 8-15

我们会分享

在本次创客活动中，给我最大帮助的人是______________。完成幸运大转盘之后，大家纷纷表示也要在家里制作一个，在节假日的时候为生活增添一份乐趣。

我们会思考

通过这次创客活动,我们还有一些疑问:

- 如何编写脚本,让转盘指示灯在按下按钮之后缓慢停止?
- 能否用舵机做一个指针来模拟幸运大转盘呢?

第9课 呆萌表情对对碰

我们会提问

1. 机器人能有表情变化吗？
2. 机器人会感知周围有人吗？

我们会实践

我们发现在 mBlock 的机器人模块脚本中，有 4 条有关“表情面板”的脚本语句，如图 9-1 所示。机器人真的可以显示表情吗？这让我们产生了强烈的兴趣。

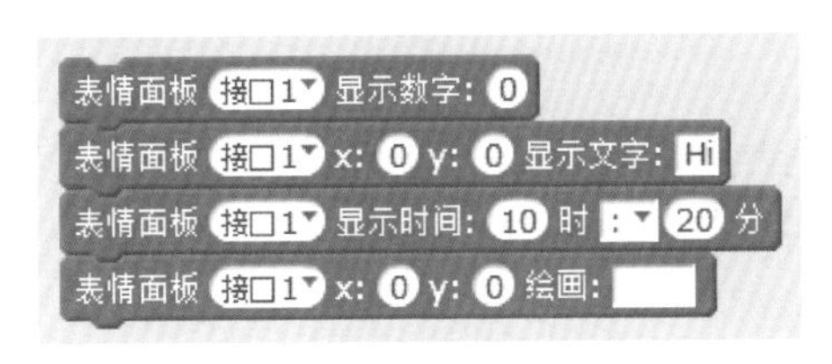

图 9-1

图 9-2

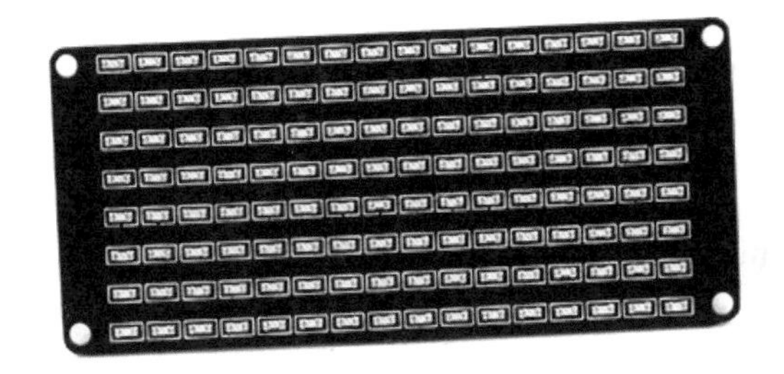

图 9-3

通过老师介绍，我们在机器人拓展包里找到了这个神奇的表情面板，原来它是一个 8 行 16 列的 LED 点阵屏幕，如图 9-2 和图 9-3 所示。那么 mBlock 里的 4 条表情面板脚本分别会显示怎样的效果呢？带着这个疑问，大家打算亲自试一试！

一、安装表情面板

取出表情面板材料，首先需要对它进行简单的组装，如图 9-4 和图 9-5 所示。

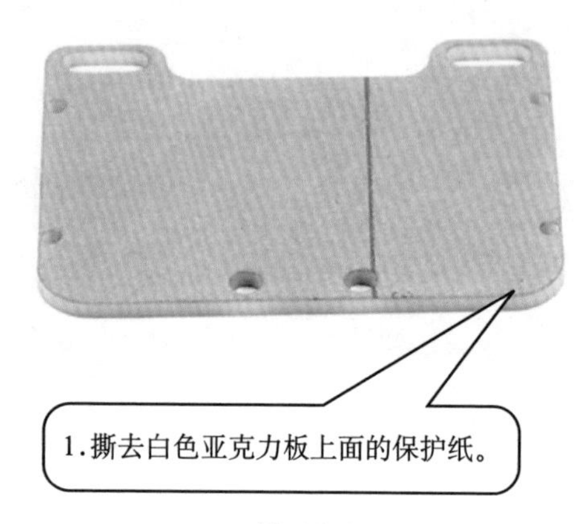

1.撕去白色亚克力板上面的保护纸。

图 9-4

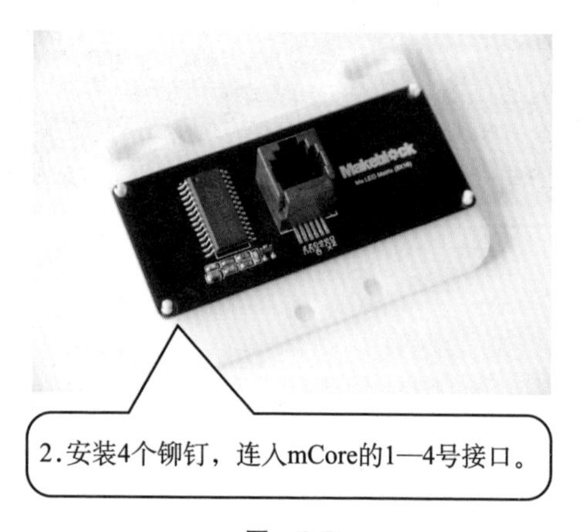

2.安装4个铆钉，连入mCore的1—4号接口。

图 9-5

二、测试表情面板的显示内容

我们根据脚本分为数字、文字、时间、绘画 4 个部分进行测试。

1. 用表情面板显示数字，如图 9-6 所示。

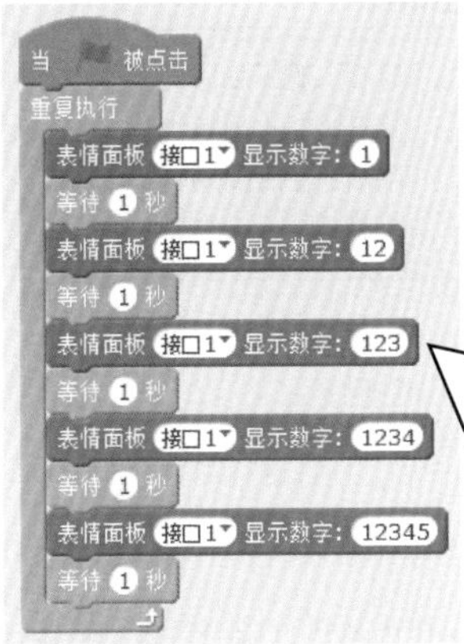

当 被点击
重复执行
表情面板 接口1 显示数字: 1
等待 1 秒
表情面板 接口1 显示数字: 12
等待 1 秒
表情面板 接口1 显示数字: 123
等待 1 秒
表情面板 接口1 显示数字: 1234
等待 1 秒
表情面板 接口1 显示数字: 12345
等待 1 秒

在重复执行循环脚本中，拖入表情面板显示数字脚本，设置每隔1秒分别显示1、12、123、1234、12345，显示结果表明，表情面板可以正常显示____________，不能正常显示______,实际显示内容是______。这表明对于显示数字脚本，表情面板只能显示______。

图 9-6

2. 用表情面板显示文字,如图 9-7 所示。

新建两个变量a、text，分别存储文字显示的x坐标位置和文字内容。拖入重复执行脚本，循环内容设置为从a、0坐标开始每隔0.1秒显示文字内容。经过测试，我们得知每个字符大小是5×7个LED灯组成，加上空1个灯，因此当a坐标小于6倍的字符长度时，重设为16。老师告诉我们，这种显示效果也叫跑马灯。这里的text只能设置为______字符。

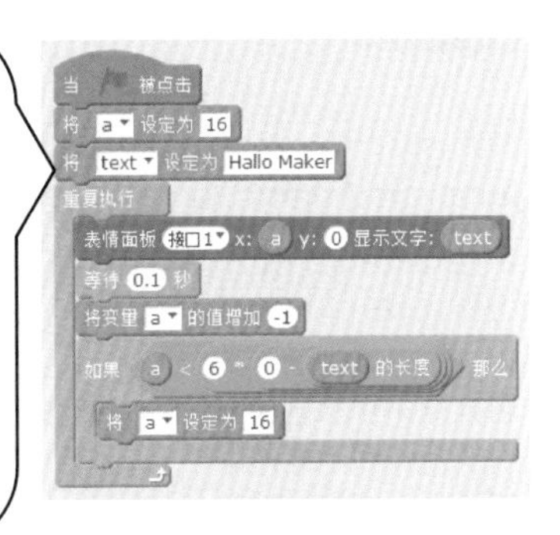

图 9-7

3. 用表情面板显示时间,如图 9-8 所示。

在重复执行循环脚本中，拖入“侦测”类脚本中的当前时间小时和分钟，可以让表情面板同步显示系统当前的时钟数字。

图 9-8

4. 用表情面板显示绘画，如图 9-9 和图 9-10 所示。

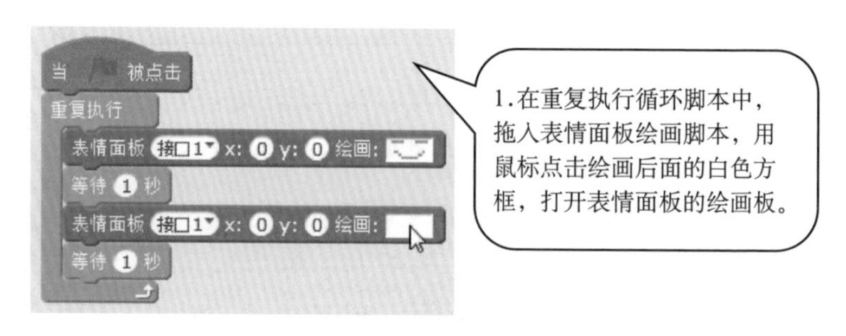

图 9-9

2.绘画板中的每个小方格代表一个LED灯，点击灰色方格点亮，再次点击熄灭。顶部有快捷按钮，方便重新设置、旋转图案和收藏。
表情面板
关闭所有
点亮所有
添加到收藏
取消
完成

图 9-10

我们会探索

在动画片《哆啦A梦》中的猫型机器人有着丰富的表情，我们也想打造一个有趣的表情系统：当有人靠近时，表情面板显示Hi的字符，然后露出微笑的表情；当用手遮挡mBot小车时，小车“摇头”并露出沮丧的表情；当平静时，小车会不时地“眨眼睛”。为了感知人是否靠近，我们在拓展包里找到了一款新的人体红外传感器，替换了上次活动中的音量传感器进行测试，如图9-11和图9-12所示。

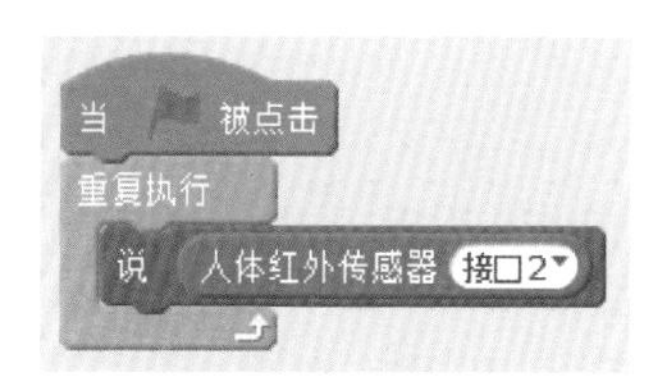

图 9-11

人体红外传感器是蓝色色标，可以连接1—4号接口，测试表明当有人靠近时，板上的蓝色LED会被点亮并输出数值______。

图 9-12

一、自定义模块指令

在之前的设想中，我们需要将小车的部分脚本集成在一起，变成一条脚本，方便自己编程。经过老师提示，我们知道了在这种情况下，可以使用模块指令功能，如图 9-13～图 9-16 所示。

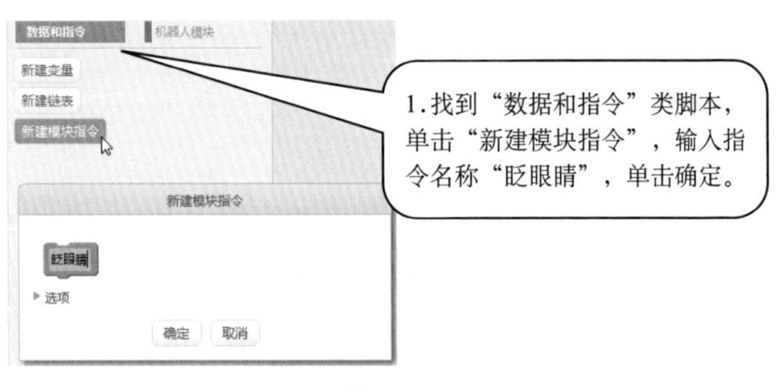

图 9-13

图 9-14

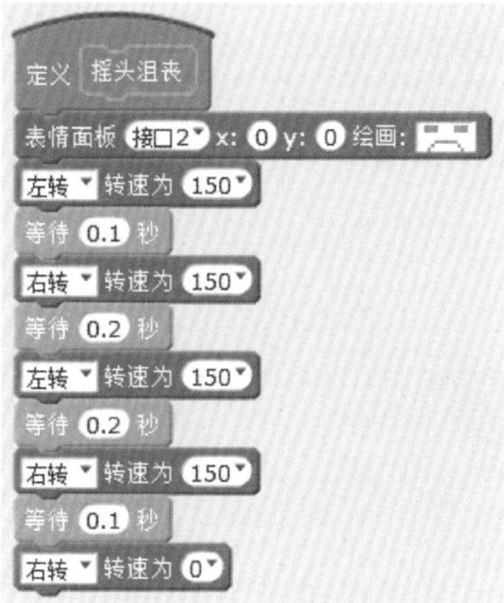

定义 摇头沮丧
表情面板 接口2 x: 0 y: 0 绘画:
左转 转速为 150
等待 0.1 秒
右转 转速为 150
等待 0.2 秒
左转 转速为 150
等待 0.2 秒
右转 转速为 150
等待 0.1 秒
右转 转速为 0

图　9-15

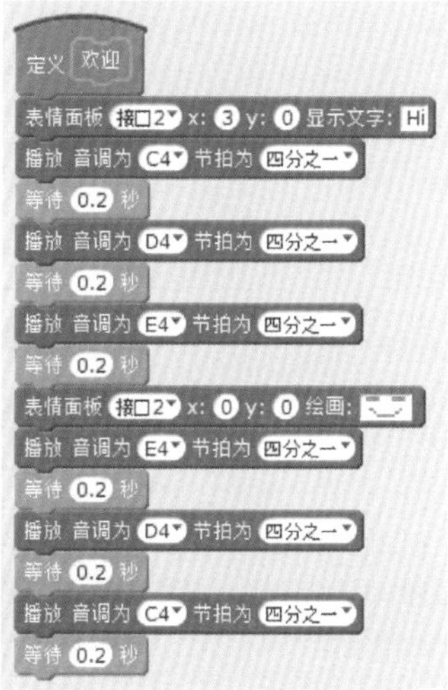

定义 欢迎
表情面板 接口2 x: 3 y: 0 显示文字: Hi
播放 音调为 C4 节拍为 四分之一
等待 0.2 秒
播放 音调为 D4 节拍为 四分之一
等待 0.2 秒
播放 音调为 E4 节拍为 四分之一
等待 0.2 秒
表情面板 接口2 x: 0 y: 0 绘画:
播放 音调为 E4 节拍为 四分之一
等待 0.2 秒
播放 音调为 D4 节拍为 四分之一
等待 0.2 秒
播放 音调为 C4 节拍为 四分之一
等待 0.2 秒

3.用同样的方式，新建“摇头沮丧”“欢迎”模块指令。

图　9-16

二、编写互动表情主程序

新建好模块指令之后，就可以在“数据和指令”类脚本下将定义好的脚本拖入脚本编辑区里，如图 9-17 和图 9-18 所示。

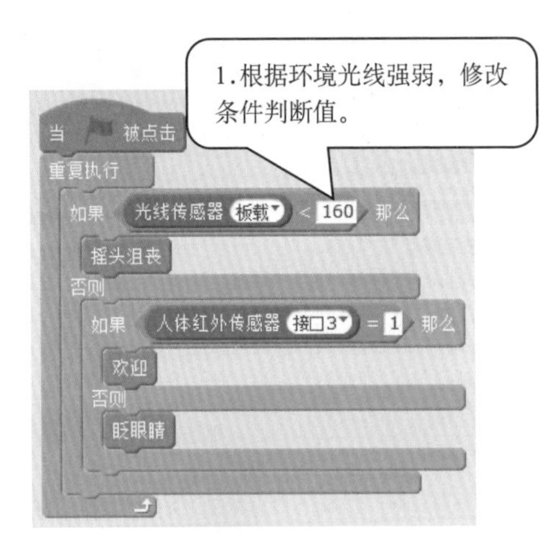

图 9-17

2.使用2.4G无线模块在线调试，或者修改为脱机版本运行。

图 9-18

伙伴们都觉得这样的程序看起来简洁了许多，已经迫不及待地准备修改为脱机版本进行测试了。

我们会分享

在本次创客活动中，给我最大帮助的人是____________。我们对自己的表情面板进行了个性化设计，课下大家决定以________________为主题开展一次“呆萌表情对对碰”活动，比一比看谁设计的表情最有趣。

我们会思考

通过这次创客活动，我们还想进一步了解：

- 表情面板能显示简单的汉字吗？
- 如何让文字从左往右逐格移动显示，并且明暗闪动？

第10课 智能护眼小台灯

我们会提问

1. 可以用机器人做成一个智能护眼台灯吗？

2. 怎样才能调节 LED 灯光强度？

我们会实践

课下同学们在交流学习生活的时候，发现许多人家里写作业用的台灯不够智能化，甚至有的还不能调节光线，长期使用可能对眼睛产生伤害。大家突发奇想，为何不用机器人制作更加人性化的护眼台灯呢？

说干就干，首先我们需要重点解决怎样调节台灯光线强度的问题。经过老师提示，在拓展包里小伙伴们找到了一个叫作电位器的模块，如图 10-1 和图 10-2 所示。

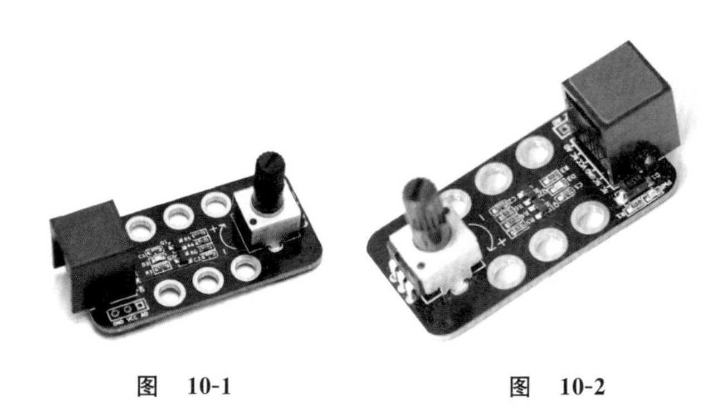

图　10-1　　　　图　10-2

观察电位器模块，原来上面有一个旋杆和若干 LED 小灯。黑色色标，表明它可以连接到 mCore 控制板的接口 3 或接口 4 上。旋杆到底是起什么作用呢？特别是旁边还有一个"＋""－"号，这引起了大家的好奇，打算研究一下，如图 10-3 和图 10-4 所示。

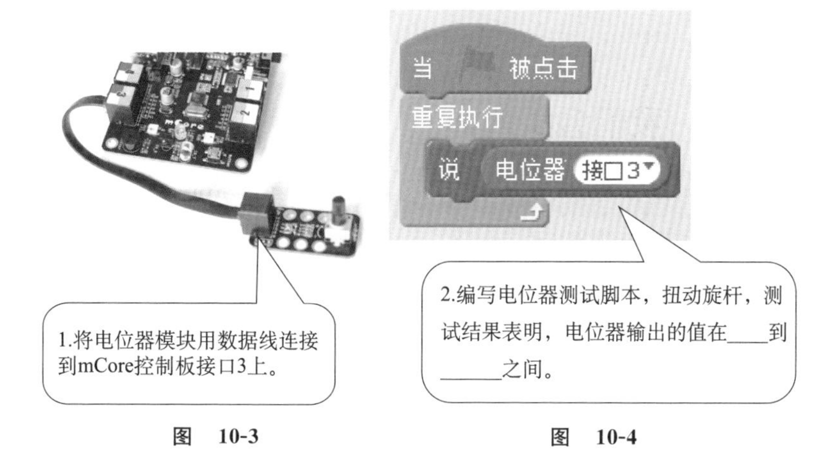
当 被点击
重复执行
说 电位器 接口3
1.将电位器模块用数据线连接到mCore控制板接口3上。
2.编写电位器测试脚本，扭动旋杆，测试结果表明，电位器输出的值在____到______之间。

图　10-3　　　　图　10-4

表 10-1

电子模块	最小值	最大值
电位器		
LED灯	0	255

如表10-1所示，通过对比我们可以知道电位器的输出值和LED灯的亮度值之间存在倍数关系，计算得出电位器的最大值是LED灯最大值的________倍。这样，通过电位器的调节旋杆，我们可以用数学运算使LED灯的亮度值同步发生变化，从而实现光线强弱的自由设定。测试代码可以这样写，如图10-5所示。

```
当 被点击
重复执行
  说 (电位器 接口3) / 3.84
  设置LED 板载 全部 红色 (电位器 接口3) / 3.84 绿色 (电位器 接口3) / 3.84 蓝色 (电位器 接口3) / 3.84
```

图 10-5

测试效果正如大家预料一样，LED灯光强度现在可以随心所欲地调节了。

我们会探索

解决了技术难题，大家商量着如何设计智能护眼小台灯。我们希望当有人靠近台灯或者喊一声时台灯亮，再喊一声台灯灭；当在台灯面前写字时，可以根据需要调节光线强弱。设计步骤是这样的：

一、搭建台灯造型

除传感器外要准备的材料有：mCore 控制板 1 个、mBot 小车底盘 1 个、连接片 2 片、直角支架 2 个、铜柱 4 根、连杆 4 根、数据线 4 条、锂电池 1 块、螺丝螺母。操作步骤如图 10-6～图 10-11 所示。

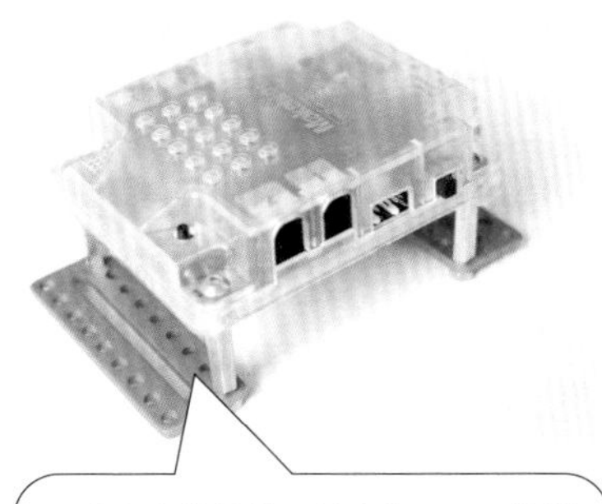

1.清点安装材料，首先将mCore控制板拧上4根铜柱，固定到连接片上。

图　10-6

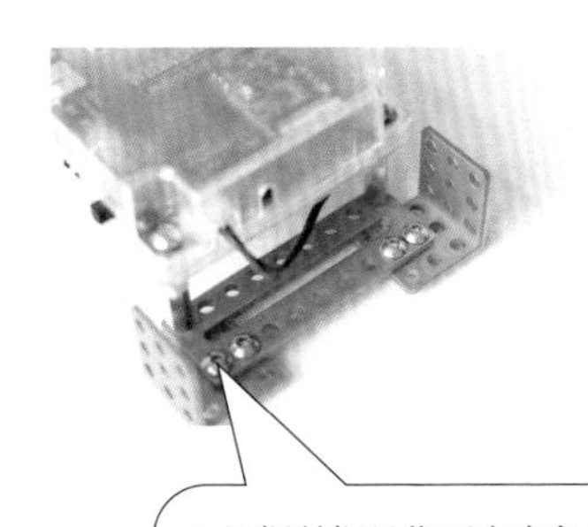

2.用螺丝螺母将两个直角支架固定在一端的连接片上。

图　10-7

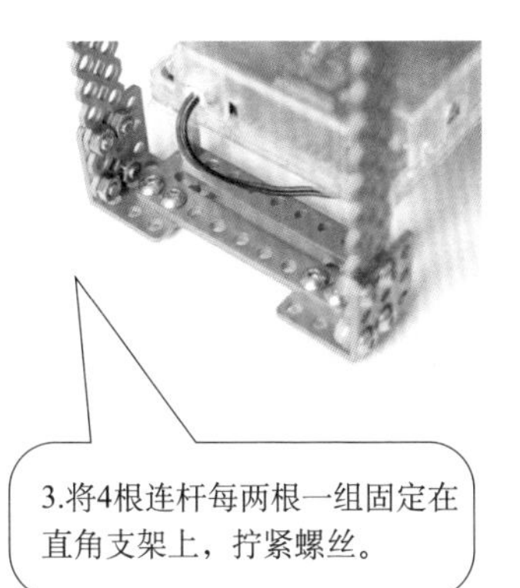

3.将4根连杆每两根一组固定在直角支架上，拧紧螺丝。

图　10-8

4.将小车底盘倾斜放置，尾部与4根连杆相接，分别用螺丝螺母固定好。

图　10-9

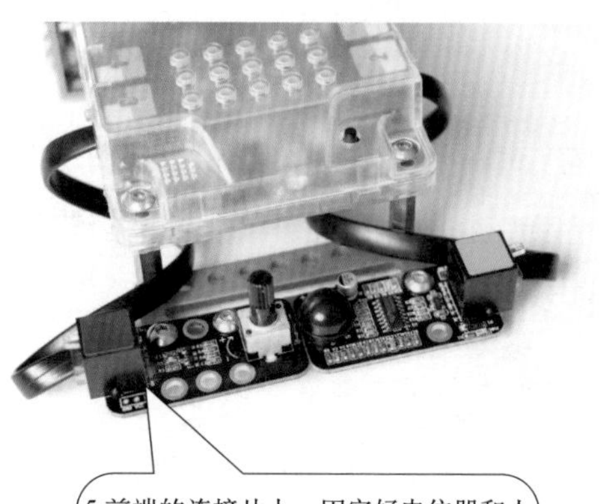

5.前端的连接片上，固定好电位器和人体红外传感器，分别连接口3和接口2。

图　10-10

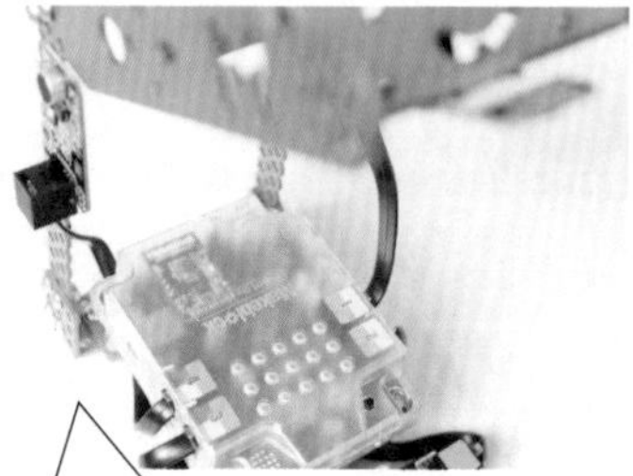

6.顶部和左侧，固定好LED灯和音量传感器，分别连接口1和接口4，接好锂电池。

图　10-11

二、编写智能护眼台灯脚本

行动之前，小组同伴先讨论了一番，大家觉得至少需要两个变量来编程：表示 LED 灯开关状态的变量、设置 LED 灯光线强度的变量。具体步骤如图 10-12～图 10-15 所示。

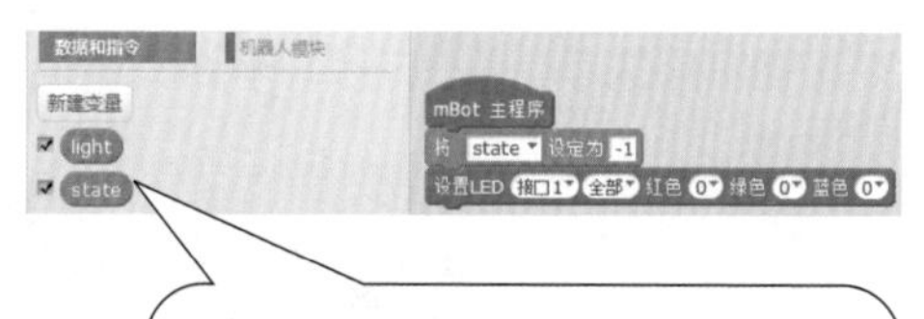

数据和指令
机器人模块
新建变量
light
state
mBot 主程序
将 state 设定为 -1
设置LED 接口1 全部 红色 0 绿色 0 蓝色 0
1.新建两个变量light和state，分别表示LED灯光线强度值和灯的开关状态值，并设置程序初始状态为−1和关灯。

图　10-12

```
重复执行
  将 light 设定为 电位器 接口3 / 3.84
  如果 人体红外传感器 接口2 = 1 那么
    将 state 设定为 1
  否则
    如果 音量传感器 接口4 > 300 那么
      将 state 设定为 state * -1
      等待 0.5 秒
```

2.拖入重复执行脚本，在循环内容中，首先将电位器的输出值转换为LED灯的亮度值，存入light。然后判断是否有人接近，如果检测到周围有人，则将state设为1，否则检测音量是否大于300，是就将state设为自身乘以−1的值，等待0.5秒的作用是____________________。

图 10-13

3.最后，增加设置LED亮灯的脚本，当state等于1时，以light的值点亮LED灯，否则灭灯。

```
如果 state = 1 那么
  设置LED 接口1 全部 红色 light 绿色 light 蓝色 light
否则
  设置LED 接口1 全部 红色 0 绿色 0 蓝色 0
```

图 10-14

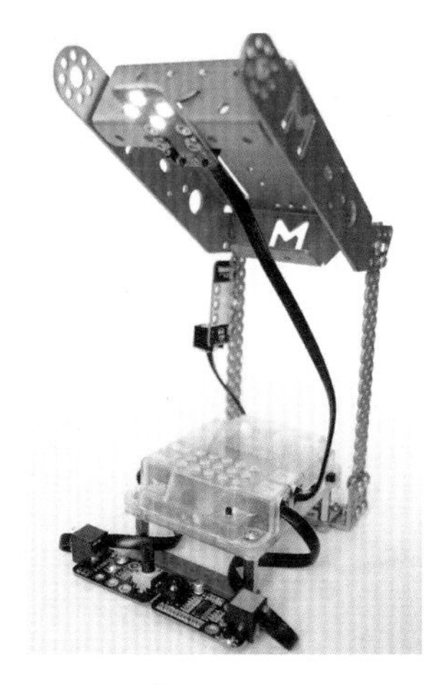

图 10-15

我们会分享

在本次创客活动中，给我最大帮助的人是________________。我对自己的表现打________分。同学们都觉得这种既实用又好玩的智能护眼台灯对自己的学习很有帮助，充分感受到了科技的力量，激发了我们进一步创新实践的强大动力。

课下大家还用手机拍下了效果视频，传到了________________，让更多的人分享我们的快乐。

我们会思考

通过这次创客活动，我们觉得还可以进一步改进这款智能护眼台灯：

● 将台灯底部增加一个连接片，避免长期使用中的张力导致控制板断裂。

● 修改脚本，让台灯的照明光线强度随着环境光线强度自动调节。

第11课 自动降温冷却机

我们会提问

1. 机器人能检测出物体温度吗?
2. 机器人能给热水降温吗?

我们会实践

我们观察到,在家里来客人的时候,主人一般都会倒上一杯热茶,可是因为太烫很少人马上去喝,这时候如果有一台自动降温冷却机就好了。带着这样的想法,大伙儿打算用开源机器人解决这个问题。

对于降温，首先进入我们视野的是130风扇电机模块，如图11-1所示。而对于温度检测，老师提示我们可以采用温度传感器，如图11-2所示，在拓展包里面大家很快找到了它。

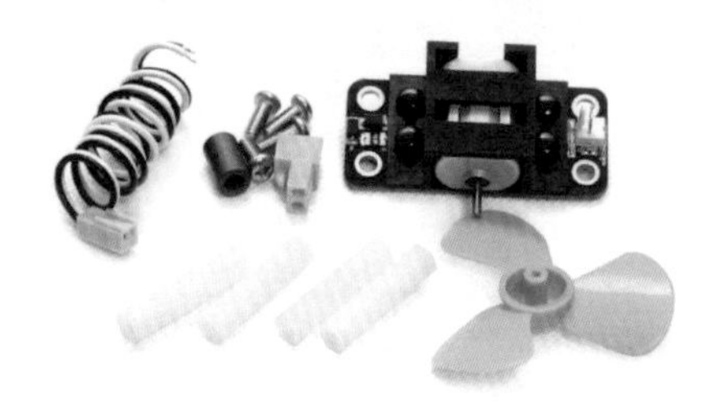

图 11-1

图 11-2

实物可见，温度传感器是一根黑色的管线，一头露出金属圆柱体，另一头是插头，可以插在RJ25适配器上。130风扇电机模块需要简单的组装才能使用，步骤是这样的，如图11-3和图11-4所示。

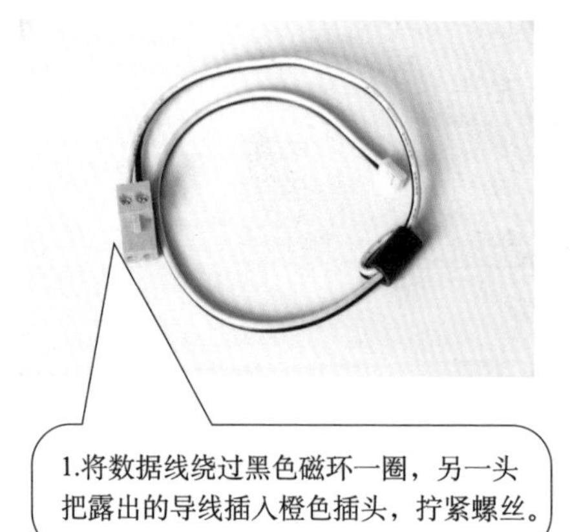

1.将数据线绕过黑色磁环一圈，另一头把露出的导线插入橙色插头，拧紧螺丝。

图 11-3

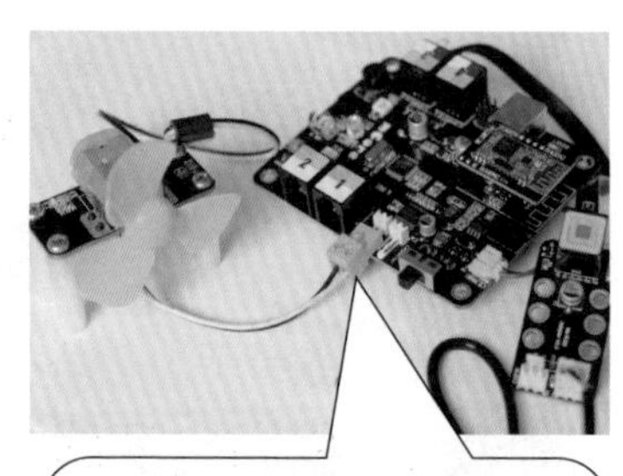

2.白色插头插入130风扇电机旁的白色插座上，橙色插头插到mCore电机接口1。

图 11-4

接下来安装风扇叶片，插好温度传感器，就可以编写脚本测试了，如图 11-5 所示。

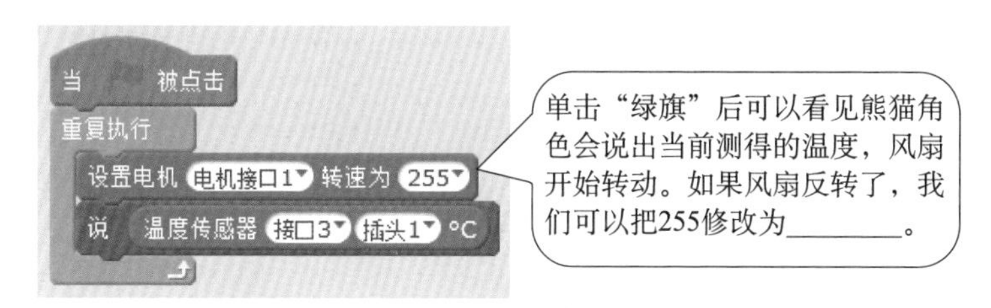
当 被点击
重复执行
设置电机 电机接口1 转速为 255
说 温度传感器 接口3 插头1 °C
单击“绿旗”后可以看见熊猫角色会说出当前测得的温度，风扇开始转动。如果风扇反转了，我们可以把255修改为________。

图 11-5

我们会探索

测试好温度传感器和 130 风扇电机之后，大家一起讨论制作冷却机的各种方案。大多数人同意采用电位器设置一个合适的温度，当温度传感器测得的实际温度低于该值时，停止风扇旋转，否则持续旋转降温。

查阅资料后我们得知，温度传感器测量的精度为±0.5℃，测量范围在－10℃～85℃。通过前面的探索，我们很容易得出电位器的最大值是数值 85 的________倍。

一、搭建冷却机结构

小伙伴们觉得，其实冷却机的造型，可以在上次智能护眼台灯的基础上稍微修改即可，这样还可以一机多用，快速改变功能，如图 11-6 至图 11-10 所示。

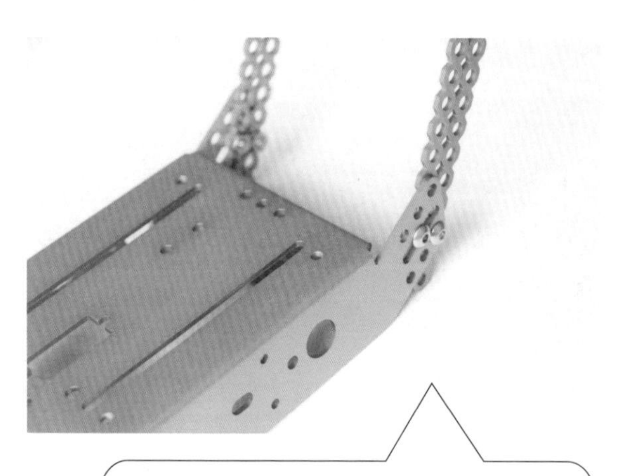

1.小心拆除mCore防尘罩、无关传感器后，将护眼灯的4根连杆螺丝卸下，安装在底盘仰角上。

图 11-6

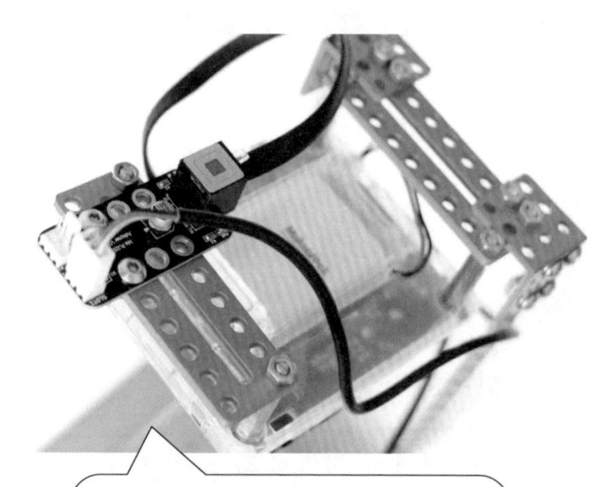

2.在顶部连接片上安装一个RJ25适配器，并将温度传感器插入插头1，连入接口1。

图 11-7

3.在左侧连杆上安装一个数码管，连入接口2。

图　11-8

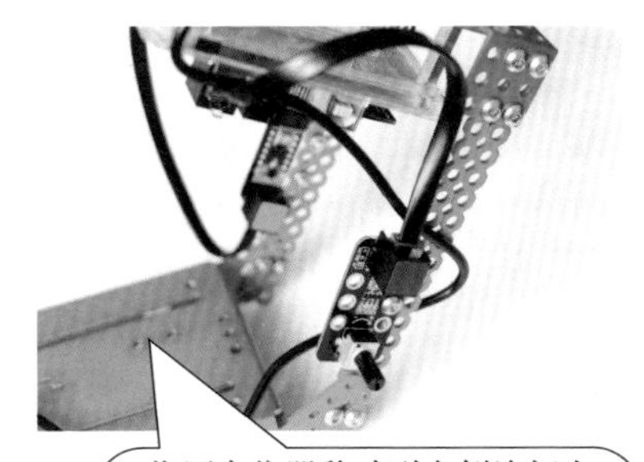

4.将原电位器移动到右侧连杆上，拧紧螺丝，连入接口3。

图　11-9

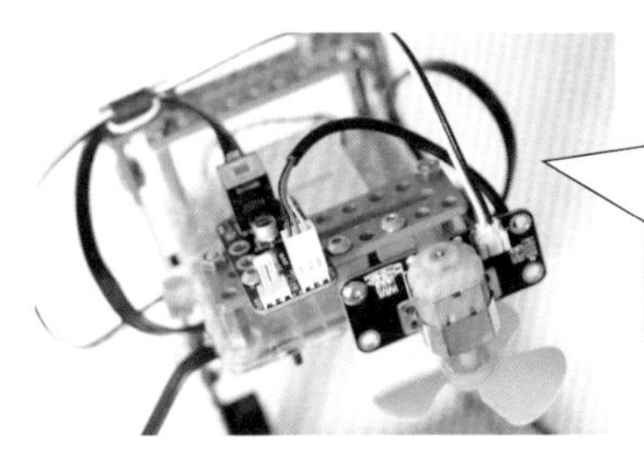

5.增加一个短的双孔梁，安装在前端连接片上，把130风扇电机半固定在连接片上，在需要的时候可以调整风扇角度。最后把电机线连入马达接口1，完成组装。

图　11-10

二、编写冷却机脚本

因为传感器和编程逻辑并不复杂，我们很快完成了脚本的编写，如图 11-11～图 11-14 所示。

```
mBot 主程序
重复执行
  将 current 设定为 将 温度传感器 接口1 插头1 °C 四舍五入
  将 temp 设定为 将 电位器 接口3 / 11.5 四舍五入
  设置数码管 接口2 数字 current / 10 + temp * 10
```

1.新建变量current、temp，用于存储当前测量温度值和设定温度值，并将两个数值同时显示在数码管上。

图　11-11

2.拖入“如果……否则……”条件判断脚本，如果测得的温度高于设定温度则风扇转动，否则停止。

图 11-12

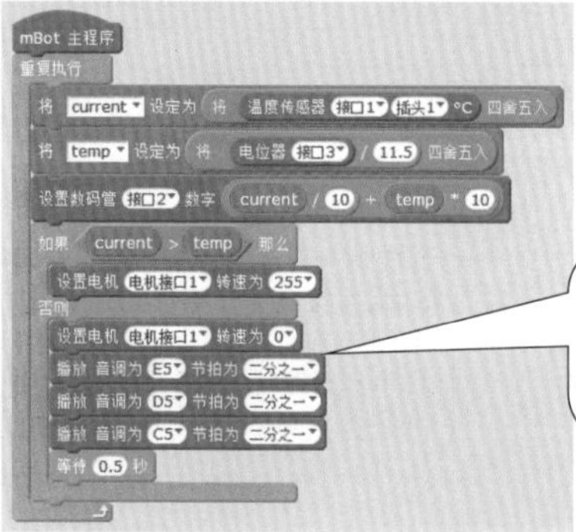

mBot 主程序
重复执行
将 current 设定为 将 温度传感器 接口1 插头1 °C 四舍五入
将 temp 设定为 将 电位器 接口3 / 11.5 四舍五入
设置数码管 接口2 数字 current / 10 + temp * 10
如果 current > temp 那么
设置电机 电机接口1 转速为 255
否则
设置电机 电机接口1 转速为 0
播放 音调为 E5 节拍为 二分之一
播放 音调为 D5 节拍为 二分之一
播放 音调为 C5 节拍为 二分之一
等待 0.5 秒

3.设置为播放音调提醒用户。最后组合脚本，上传到Arduino进行脱机测试。

图 11-13

图 11-14

我们会分享

在本次创客活动中，给我最大帮助的人是＿＿＿＿＿＿＿＿。我对自己的表现打＿＿＿＿＿分。同学们都觉得这种既实用又智能的自动降温冷却机，方便了客人饮用茶水，用科技保护了身体健康，是一件十分有意义的事情。

回家后，许多同学纷纷表示也要在家里完成这样的冷却机，当有客人来访的时候好好拿出来秀一把。

我们会思考

通过这次创客活动，我们还有一些问题想解决：

- 茶杯拿走时，因为重力原因冷却机可能倾斜甚至翻倒，该怎么办？
- 风扇转速太慢，怎样提高转速？

第12课 人体感应泡泡机

我们会提问

1. 130 风扇电机还能做什么事情？
2. 机器人能做成一个智能玩具吗？

我们会实践

童年是快乐的，童年是幸福的。小伙伴们常常谈起玩玩具的趣事，课下我们也时常聚在一起拿玩具做互动游戏。我的搭档忽然灵机一动，为何不用机器人做个智能玩具，让科技与生活再次完美结合起来呢？

在众多玩具中，大家把目光投向了公园里经常遇到的吹泡泡玩具。这种玩具需要人工吹气，这次创客活动我们就拿它做实验，把人工吹泡泡设计成自动吹泡泡，并且加上自动感应开关。

一、搭建泡泡机结构

在小组讨论之后，大家一致觉得好的结构是成功的一半。自动感应泡泡机要尽可能地兼顾简单、美观、牢固、智能。因此，我们选择的结构材料有：mBot 底盘 1 个、双孔梁 1 根、单孔梁 1 根，如图 12-1 和图 12-2 所示。搭建步骤如图 12-3～图 12-9 所示。

图 12-1

图 12-2

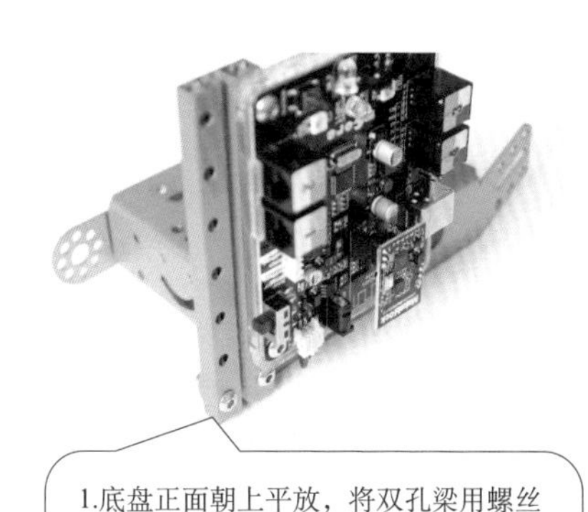

1.底盘正面朝上平放，将双孔梁用螺丝螺母固定在左侧前角，并固定好控制板。

图 12-3

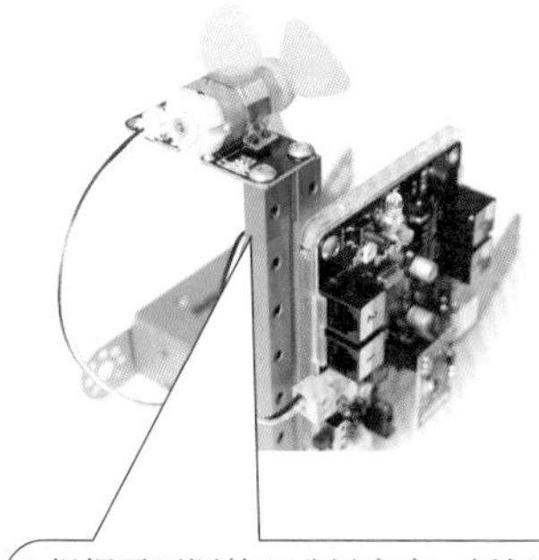

2.根据需要调整双孔梁高度，插好130电机的插头，并固定在双孔梁顶部，连入电机接口1。

图 12-4

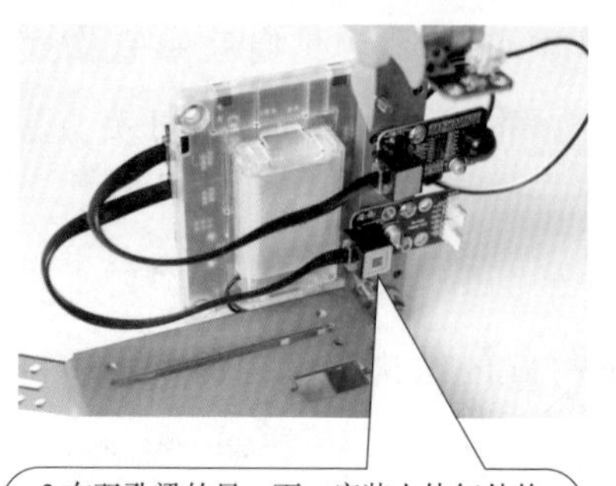

3.在双孔梁的另一面，安装人体红外传感器和RJ25适配器，分别连入接口3和接口4。

图 12-5

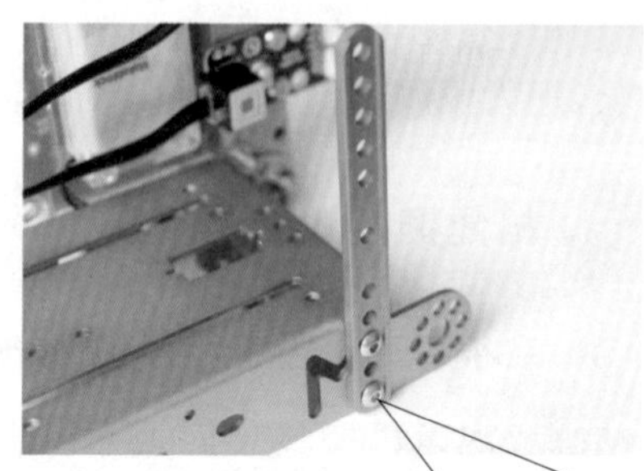

4. 在mBot底盘另一侧，安装单孔梁，用螺丝拧紧。

图 12-6

5.再用短的1格双孔梁侧向固定在单孔梁顶部，增加高度。

图 12-7

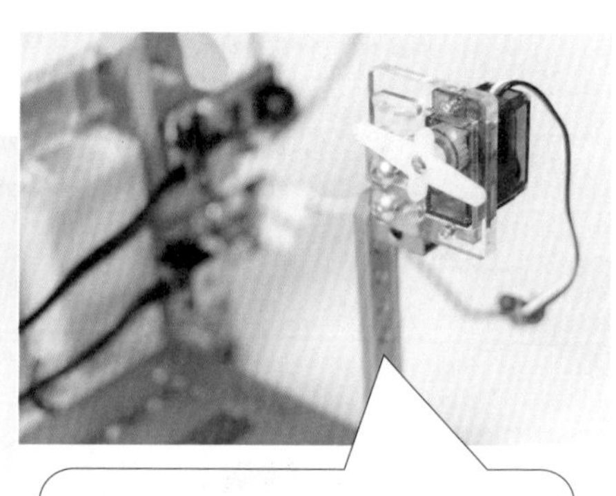

6. 在舵机上安装十字舵臂，调整好角度固定在矩形支架上，安装到双孔梁侧面，拧紧螺丝，插入RJ25适配器插头1。

图 12-8

7. 将吹泡泡的连杆用橡皮筋绑在舵机舵臂上，并连接好电池完成组装。

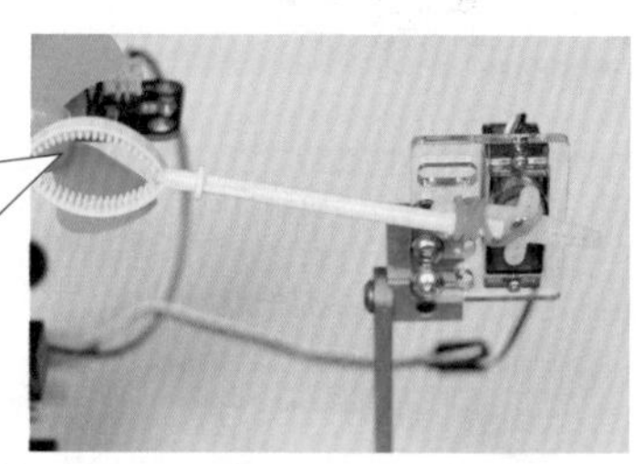

图 12-9

二、编写泡泡机脚本

我们分析得出，脚本编写主要涉及人体红外传感器的条件判断脚本语句，经过实际调试，大家轻松完成了程序设计。方法是这样的，如图 12-10～图 12-13 所示。

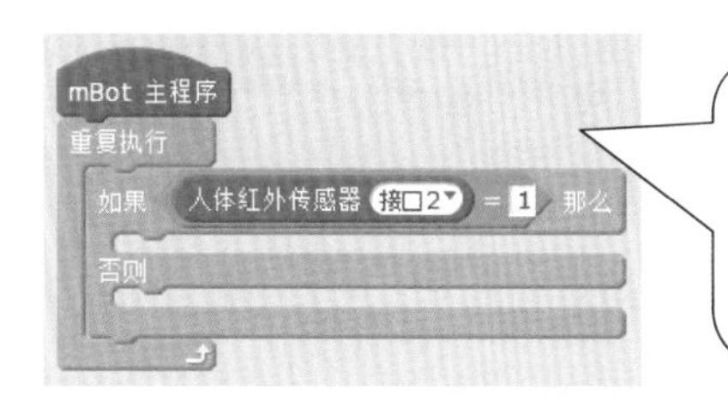

1. 拖入重复执行脚本，再拖入“如果……那么……”条件判断脚本，设置条件为人体红外传感器等于1，表示__________________。

图 12-10

2.根据实际情况调整设置舵机抬起角度和电机旋转方向，让吹泡泡的连杆正好对准风扇。

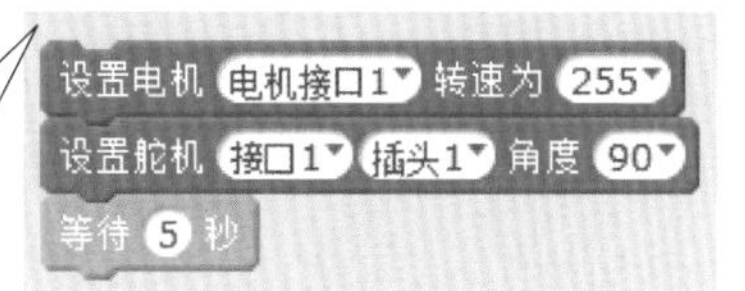

图 12-11

3. 当未监测到人体活动，停止吹泡泡时，设置泡泡机停止电机和恢复舵机角度的脚本。

图 12-12

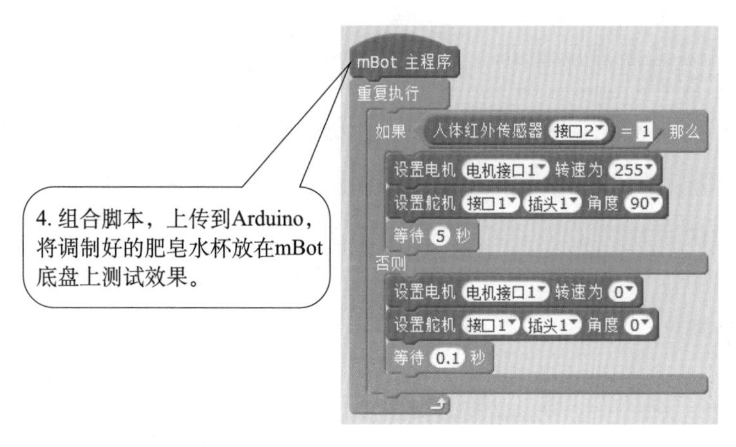

图 12-13

我们会探索

测试结果是风扇转起来了，但是泡泡没吹出来，怎么会这样呢？我们首先想到了是不是风力不够？看来还是要解决前面的冷却机风扇转速问题。

对此，老师推荐我们使用新的电子模块：Orion 控制板。通过查阅资料，我们知道了 Orion 是一个基于 Arduino Uno、针对教学用途、升级改进的控制板。它拥有强大的驱动能力，运行电压 6V～12V，输出功率可达 18W，能驱动 4 个直流电机。8 个独立的 RJ25 接口，轻松实现电路连接，并且完全兼容 mBlock 图形编程。于是，大家立刻着手改进了这个泡泡机，如图 12-14～图 12-17 所示。

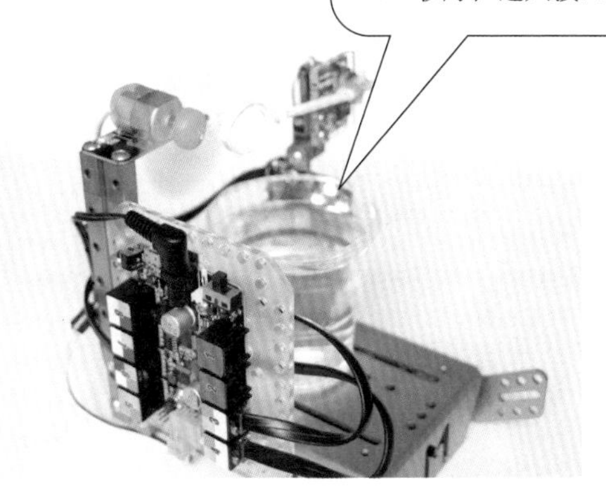
1.更换为Orion控制板，
在单孔梁的内侧，安装
RGB彩灯，连入接口6。

图 12-14

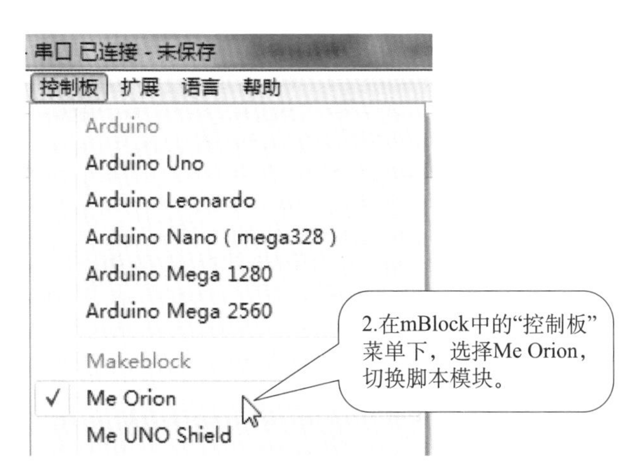
串口 已连接 - 未保存
控制板 扩展 语言 帮助
Arduino
Arduino Uno
Arduino Leonardo
Arduino Nano (mega328)
Arduino Mega 1280
Arduino Mega 2560
Makeblock
✓ Me Orion
Me UNO Shield
2.在mBlock中的“控制板”
菜单下，选择Me Orion，
切换脚本模块。

图 12-15

重复执行 10 次
设置LED 接口6 全部 红色 在 1 到 255 间随机选一个数 绿色 在 1 到 255 间随机选一个数 蓝色 在 1 到 255 间随机选一个数
等待 0.5 秒

3.删除等待5秒的脚本，换成重复执行10次，每次随机变化RGB颜色。最后添加RGB灭灯脚本。

图 12-16

设置LED 接口6 全部 红色 0 绿色 0 蓝色 0
等待 0.1 秒

图 12-17

我们会分享

在本次创客活动中，给我最大帮助的人是____________。我对自己的表现打________分，课下我们还进行了一场“看谁的泡泡吹得又大又远”的比赛。

这次制作的人体感应泡泡机，虽然结构简单，但是我们玩得乐此不疲。没想到机器人还能制作成高大上的电子玩具，不仅提高了我们的动手能力，还拓展了视野。相信爸爸妈妈一定会支持我们继续研究下去。我打算把这样的全自动泡泡机玩具介绍给____________________，让更多人分享我的快乐，一起玩耍。

我们会思考

通过这次创客活动，我们觉得还可以进一步改进这款自动泡泡机：

- 在吹泡泡的连杆上多加一个圆圈，让吹出来的泡泡更多。
- 给控制板和传感器增加防护措施，避免泡泡水吹到上面造成短路。

第13课 迷你打地鼠游戏

我们会提问

1. RGB 彩灯还有什么用途?
2. 机器人能做成一个游戏机吗?

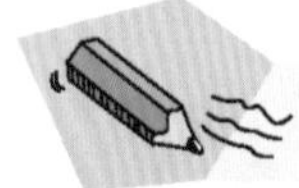

我们会实践

空闲的时候,许多同学喜欢玩一些益智电子游戏,其中最常见的一个就是打地鼠。是否可以用开源机器人设计一款打地鼠游戏呢?

带着这个奇特的想法,我们小组开展了研究,如表 13-1 所示。

表 13-1

电子模块	作 用
RGB 彩灯	模拟地鼠:用蓝灯代表地鼠,被击中时亮红灯,地鼠随机显示
数码管	显示得分:击中正确的位置得 1 分,击中错误的位置减 1 分
	模拟摇杆:向上下左右四个方向拨动,就等于击打这 4 个方向的地鼠

模拟摇杆可以选用什么电子模块呢?经过老师提示,我们在拓展包里找到了一个很像游戏机摇杆的设备:摇杆控制模块,如图 13-1 和图 13-2 所示。

图 13-1

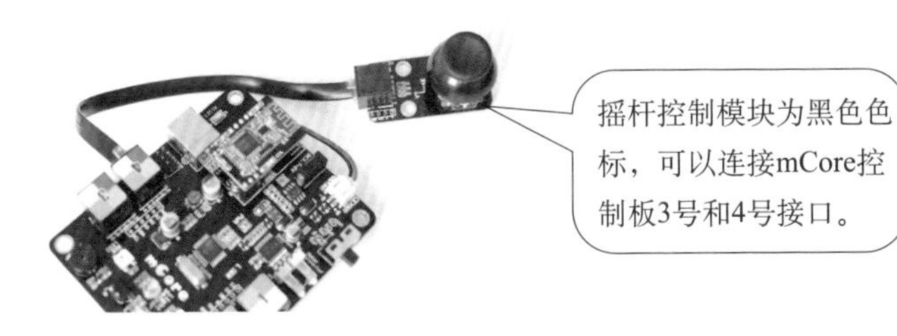

摇杆控制模块为黑色色标，可以连接mCore控制板3号和4号接口。

图 13-2

这个模块上也有符号,印刷着 X 和 Y 的箭头。伙伴们准备编写测试脚本一探究竟,如图 13-3 所示。

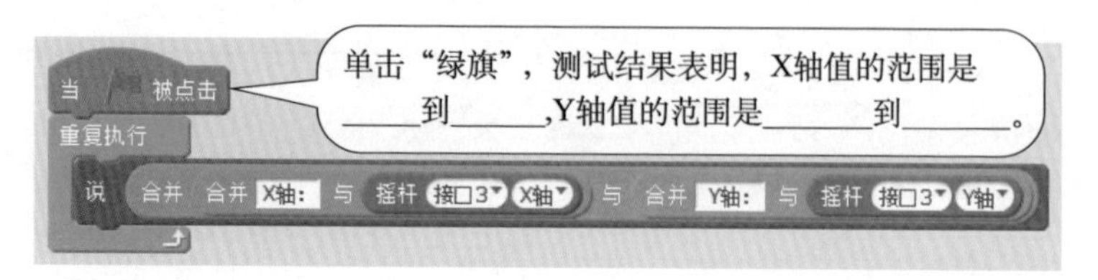

单击“绿旗”，测试结果表明，X轴值的范围是
______到______,Y轴值的范围是________到________。

图 13-3

我们会探索

原来，摇杆控制模块的每个方向都会输出 X 轴和 Y 轴的值。通过这个值，我们就可以判断摇杆的偏移方向。接着，大家就开始动手正式制作打地鼠游戏机了。

一、搭建打地鼠游戏机控制结构

搭建之前，先将 mCore 控制板用 4 根立柱固定在底盘上，连接好锂电池。

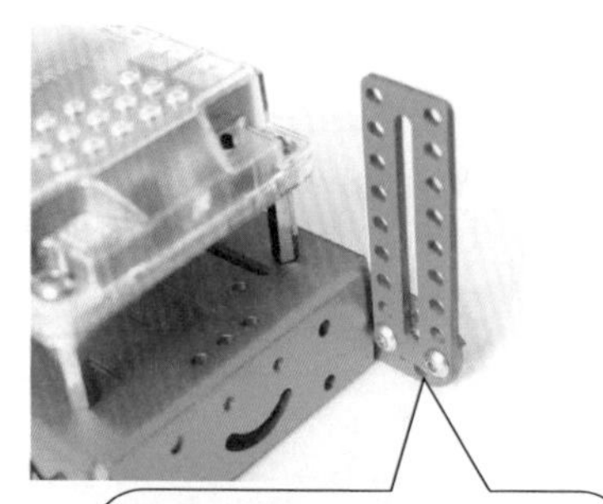

1.mBot底盘正面朝上平放，使用
1个连接片竖放安装到底盘前端。

图 13-4

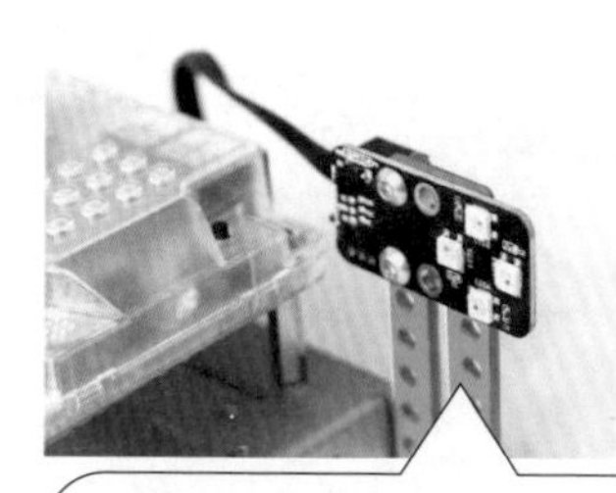

2.连接片上用螺丝螺母固定RGB
彩灯模块，连入接口1。

图 13-5

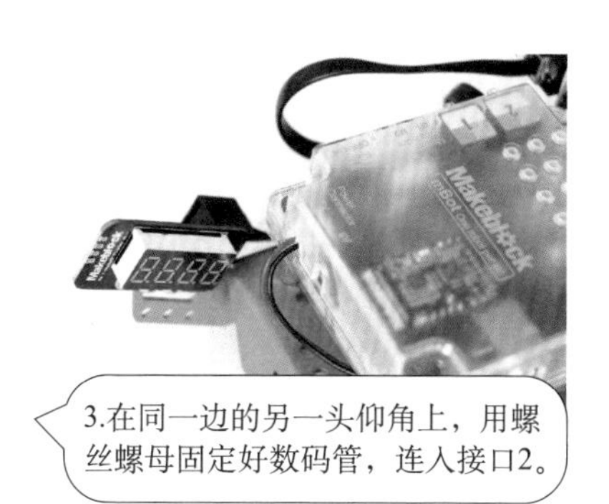

3.在同一边的另一头仰角上，用螺丝螺母固定好数码管，连入接口2。

图 13-6

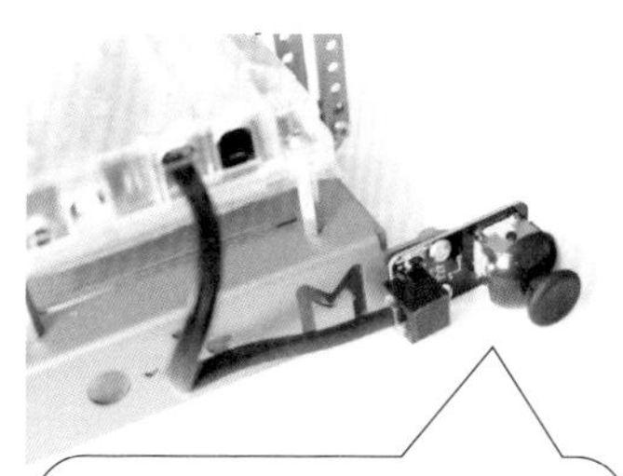

4.底盘前端右侧，固定好摇杆控制模块，连入接口4。

图 13-7

二、编写打地鼠脚本

为了让游戏流畅运行，小伙伴们展开了热烈的讨论：前面解决了摇杆控制模块的方向问题。当代表地鼠的蓝灯亮起时，如果摇杆偏移方向朝向蓝灯，表示击中，蓝灯变红灯，加 1 分；如果摇杆偏移方向不朝向蓝灯，表示未击中，减 1 分。因此，我们需要建立一个能够传递击打方向的模块指令，编程如图 13-8 至图 13-14 所示。

1. 新建变量和模块指令。

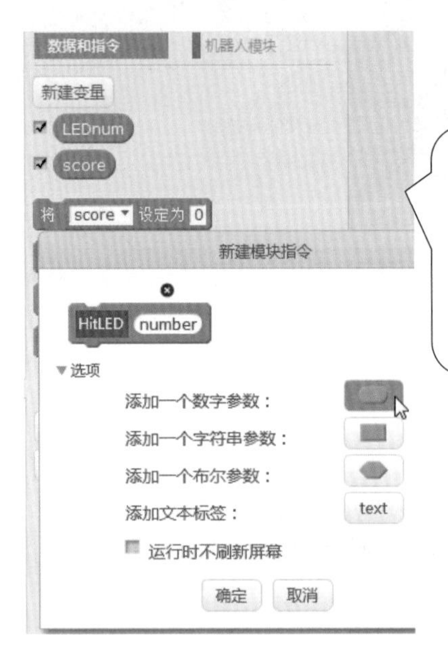
数据和指令
机器人模块
新建变量
LEDnum
score
将 score 设定为 0
新建模块指令
HitLED number
选项
添加一个数字参数：
添加一个字符串参数：
添加一个布尔参数：
添加文本标签：
text
运行时不刷新屏幕
确定
取消
1.新建LEDnum、score两个变量，分别代表RGB亮灯对象、得分。新建模块指令，点击三角形展开选项，添加一个数字参数，number，用该参数传递摇杆控制模块击打的对象。

图 13-8

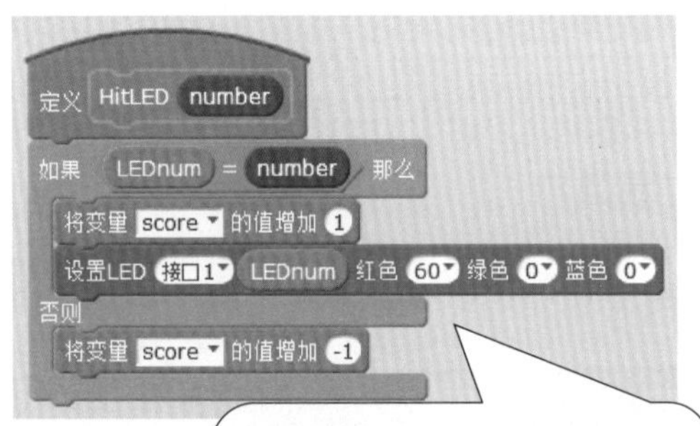
定义 HitLED number
如果 LEDnum = number 那么
将变量 score 的值增加 1
设置LED 接口1 LEDnum 红色 60 绿色 0 蓝色 0
否则
将变量 score 的值增加 -1
2.定义模块指令，设置条件判断脚本，当亮蓝灯LED位置和击打位置相同时，亮红灯加分，否则减分。

图 13-9

2. 编写主脚本。

1.程序初始化，变量
归零，RGB彩灯全灭。
mBot 主程序
将 score 设定为 0
设置LED 接口1 全部 红色 0 绿色 0 蓝色 0

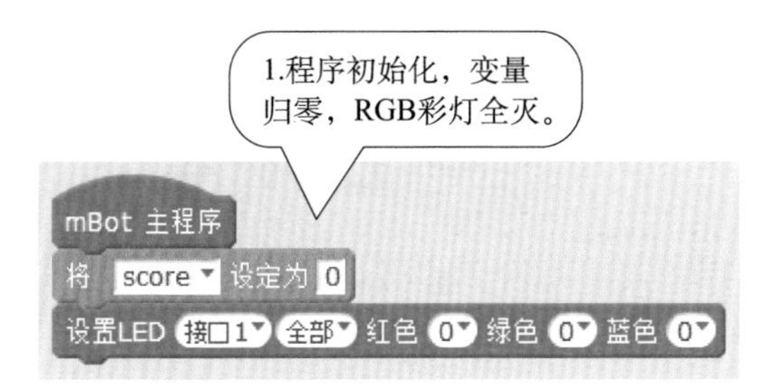

图 13-10

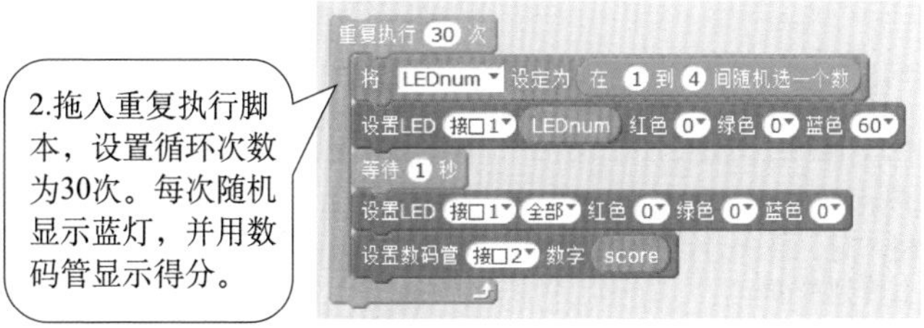

2.拖入重复执行脚
本，设置循环次数
为30次。每次随机
显示蓝灯，并用数
码管显示得分。
重复执行 30 次
将 LEDnum 设定为 在 1 到 4 间随机选一个数
设置LED 接口1 LEDnum 红色 0 绿色 0 蓝色 60
等待 1 秒
设置LED 接口1 全部 红色 0 绿色 0 蓝色 0
设置数码管 接口2 数字 score

图 13-11

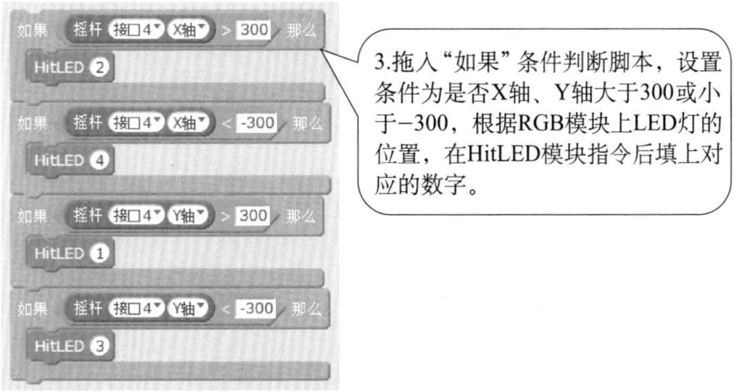

如果 摇杆 接口4 X轴 > 300 那么
HitLED 2
如果 摇杆 接口4 X轴 < -300 那么
HitLED 4
如果 摇杆 接口4 Y轴 > 300 那么
HitLED 1
如果 摇杆 接口4 Y轴 < -300 那么
HitLED 3
3.拖入“如果”条件判断脚本，设置
条件为是否X轴、Y轴大于300或小
于−300，根据RGB模块上LED灯的
位置，在HitLED模块指令后填上对
应的数字。

图 13-12

图 13-13

4.将摇杆部分脚本拖入“等待1秒”后，组合为完整主脚本，上传到Arduino。

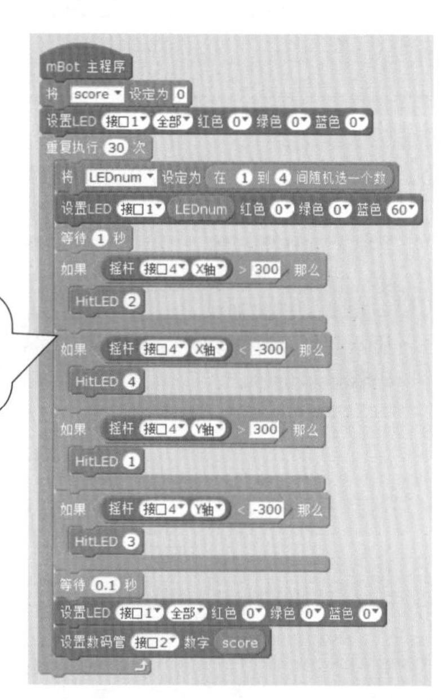

图 13-14

我们会分享

同学们不约而同地表示：这种从自己制作游戏到玩游戏的过程，实在是太过瘾了。我的最高游戏得分是________分，我打算把这样私人订制版本的打地鼠游戏机，告诉给____________。

我们会思考

通过这次创客活动，我们觉得还可以进一步完善这个打地鼠游戏机：

- 增加游戏乐趣，每打一次地鼠，都发出有趣的声音。
- 修改等待时间，增加游戏难度，并且设置一个获胜或失败的结束音乐。

第14课 超声波扫描雷达

我们会提问

1. 超声波还有什么用途？
2. 软件和硬件可以怎样结合起来？

我们会实践

雷达多运用于军事、气象、航天等领域，是我们常见的一种电子侦查设备。它的原理是什么呢？我们查阅了资料：

雷　达

雷达，是英文 Radar 的音译，源于 radio detection and ranging 的缩写，意思为"无线电探测和测距"，即用无线电的方法发现目标并测定它们的空间位置。因此，雷达也被称为"无线电定位"。雷达是利用电磁波探测目标的电子设备。雷达发射电磁波对目标进行照射并接收其回波，由此获得目标至电磁波发射点的距离、距离变化率（径向速度）、方位、高度等信息。

在前面的创客活动中，我们已经知道了超声波传感器可以测量距离，如果将超声波和舵机连接在一起，是否可以模拟这种雷达扫描效果呢？这个金点子引起了大家的广泛兴趣，我们决定着手研究一番，如表 14-1 所示。

表 14-1　超声波扫描雷达制作表

器材和素材	作　用
超声波传感器	模拟电磁波：用超声波测量前方障碍物距离
9g 舵机	模拟旋转角度：改变方向，扫描不同角度
电子文档	雷达背景、扫描指针图、雷达目标图、雷达声音：模拟雷达扫描效果
计算机	

在制订好计划之后，小组成员分头行动：首先我们需要把超声波和舵机固定在一起。造型方面，既可以在说明书的 mBot 造型上修改，也可以直接用上次活动制作的打地鼠游戏机修改，我们选择了后者，如图 14-1 至图 14-5 所示。

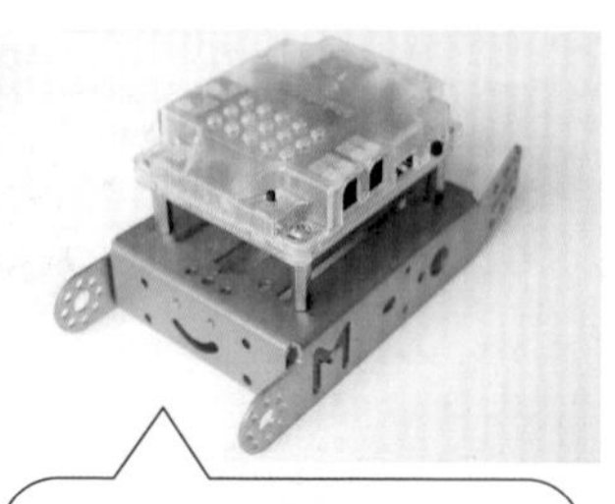

1.保留mBot小车底盘和mCore控制板，拆除其余零件。

图 14-1

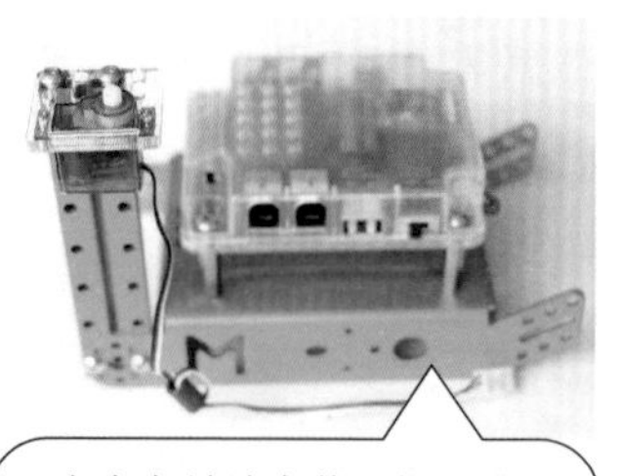

2.在底盘前端安装一根双孔梁，并将舵机支架固定在双孔梁上。

图 14-2

3.将舵机调整好角度，固定舵臂。在舵臂上用自攻螺丝和垫片安装1个直角支架。

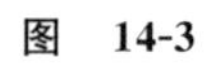

图 14-3

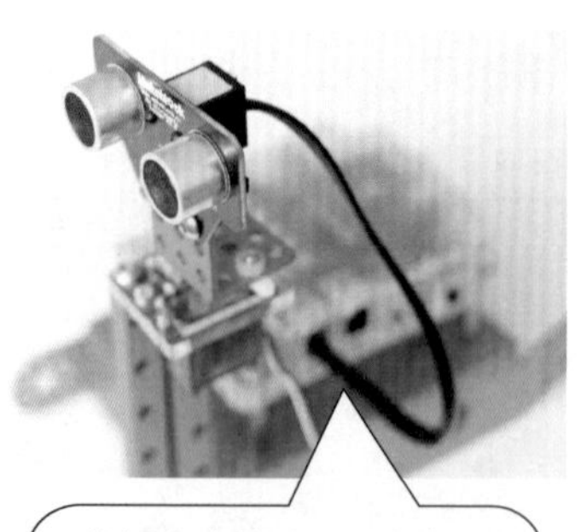

4.将超声波传感器固定在直角支架上，连入接口2。

图 14-4

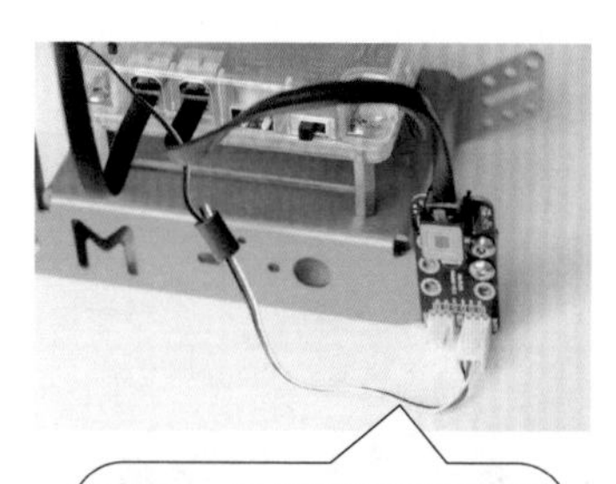

5.最后，将舵机线插入RJ25适配器插口1，适配器固定在小车底盘仰角上，连入接口1。

图 14-5

我们会探索

在编写超声波雷达的程序时，因为没有合适的小液晶屏单独显示，我们打算采用计算机 mBlock 软件的舞台显示，结合超声波、舵机的硬件，两者软硬结合实现扫描效果。操作步骤如图 14-6～图 14-15 所示。

一、设置舞台背景、添加角色

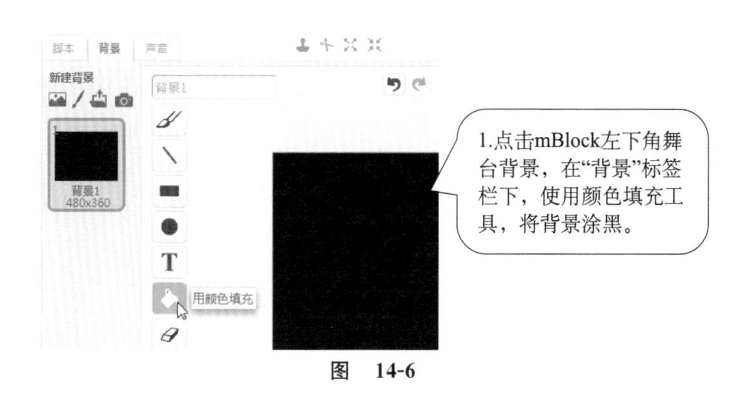

图　14-6

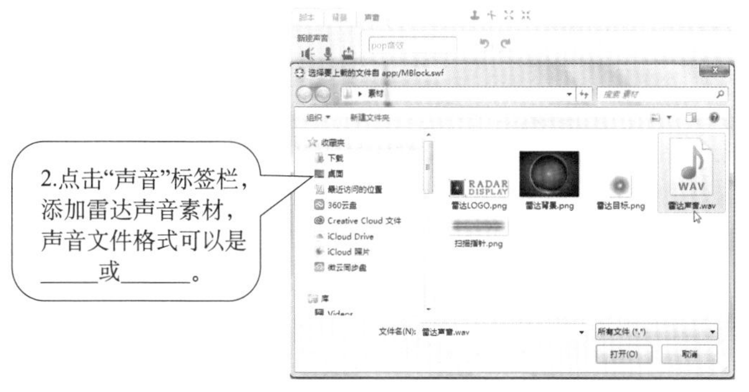

图　14-7

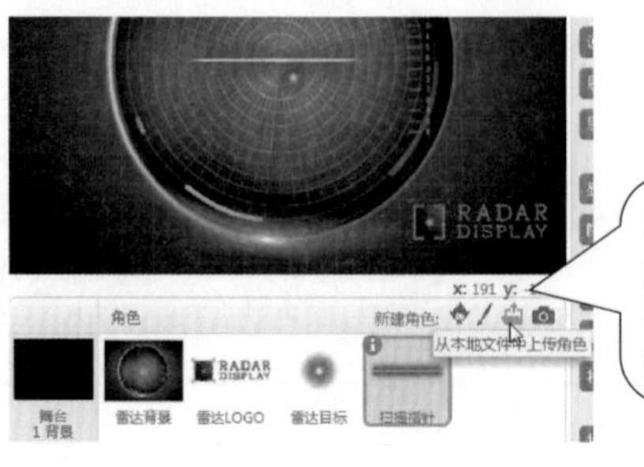

3.删除M-Panda角色，在新建角色按钮旁点击“从本地文件中上传角色”，依次将整理的素材添加到角色列表。

图 14-8

4.在角色造型界面，用十字功能按钮，将雷达背景、雷达目标的图片坐标中心设置为正中心，将扫描指针坐标中心设置为左侧。

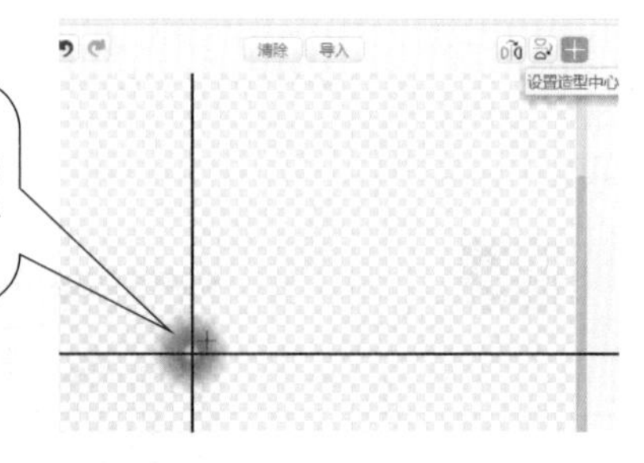

图 14-9

二、编写超声波雷达脚本

1.单击舞台，我们只给背景设置一个功能，随机播放雷达声音：拖入重复执行脚本，设置条件为“1到200间随机选一个数=1”的判断语句，满足条件即播放音效。

图 14-10

2.单击雷达背景，新建3个变量alpha、angle和distance，分别代表透明值、角度、距离。点击雷达背景图，初始化angle为0，拖入重复执行循环脚本，设置舵机旋转方式：从0度每次增加1度角直到180度，再从180度返回0度。

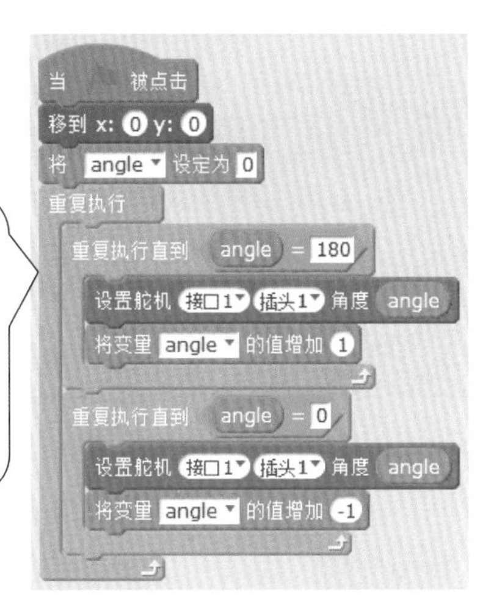

图　14-11

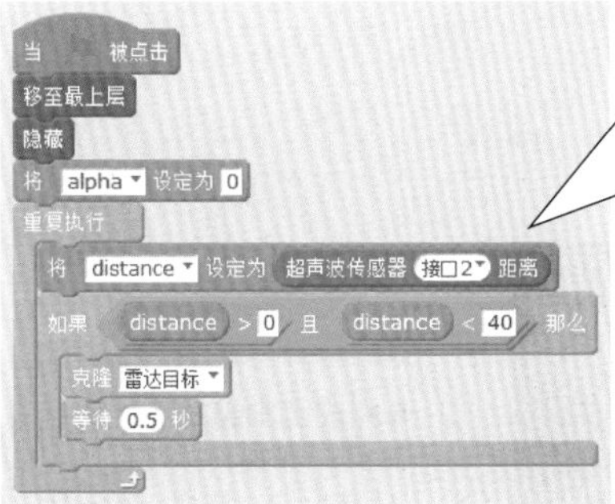

3.单击雷达目标，初始化alpha为0。拖入重复执行脚本，循环内容为，读取超声波传感器距离值，存入distance，当该值大于0小于40时，克隆雷达目标，间隔0.5秒的作用是____________。

图　14-12

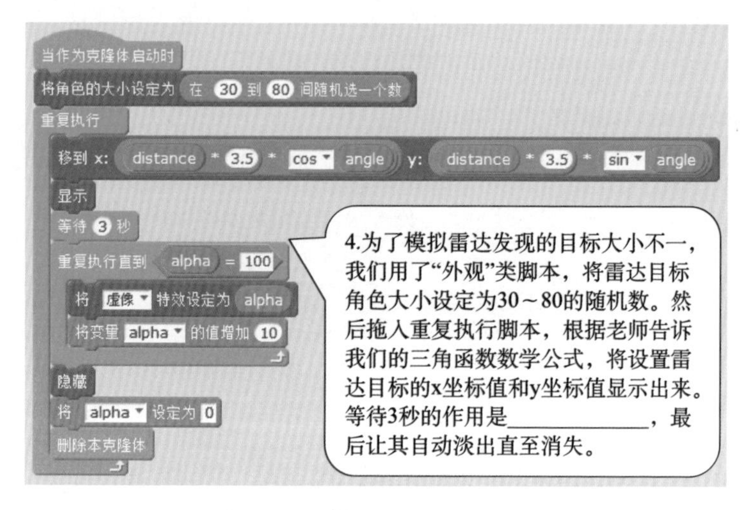

图　14-13

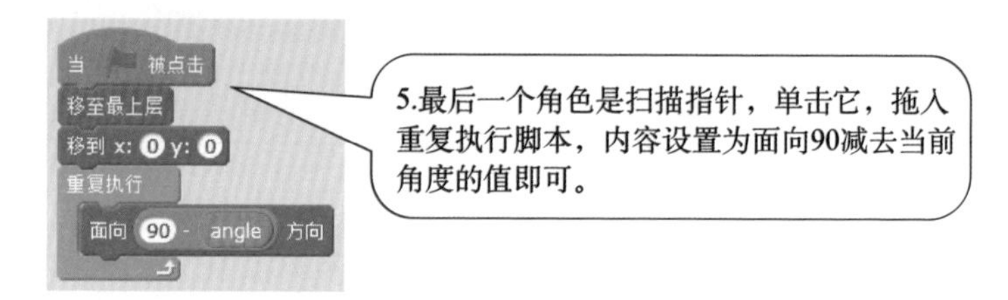

图　14-14

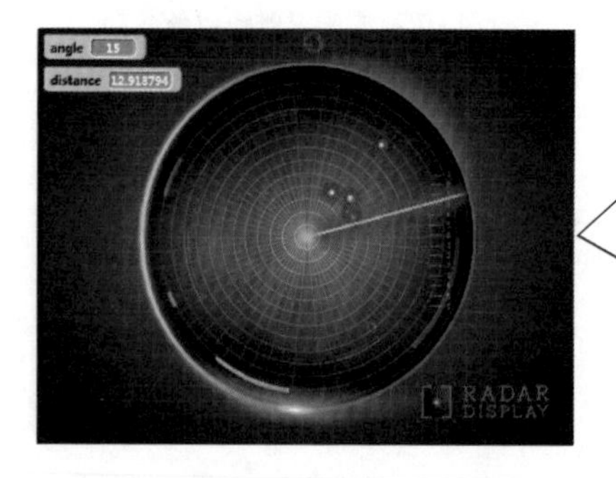

6.完成脚本编写后，我们用2.4G无线串口将搭建好的模拟雷达与计算机上的mBlock软件连接起来，进行测试。

图　14-15

我们会分享

最终的效果，简直是给力。全体同学都兴奋地拿起模拟雷达向自己的伙伴们展示成果。我也把这个特别的机器人分享给了＿＿＿＿＿＿＿＿，他们给我竖起了大拇指。

我们会思考

通过这次创客活动，我们还有一些疑问想解决：

- 克隆的作用是什么？如果不删除克隆角色会发生什么事情？
- 为什么用三角函数可以得出雷达发现的目标位置？

第15课 创意足球挑战赛

我们会提问

1. 有没有一种半遥控 mBot 的方法?

2. 多台机器人可以进行 PK 赛吗?

我们会实践

经过近一学期的创客机器人的学习,大家极大地开阔了视野,拓展了知识面,我们希望检测一下自己学到的知识到底是怎样的状况,大家决定开展一次创意足球挑战赛,比一比谁的脑袋瓜最好用。

经过讨论,全班同学制定了这次比赛的方案和规则,如表15-1所示。

表 15-1　创意足球挑战赛比赛规则表

项　目	具体参数及规则
比赛场地	120cm×90cm 的绿色球场背胶纸，两个 PVC 材料球门
比赛用球	网球或橡胶球 1 个
比赛机器人	以 mBot 小车为标准结构，必须安装摇杆控制模块
比赛方式	1 对 1 淘汰制 PK 赛，每轮由一方队员操作摇杆输入指令，进行半遥控方式让 mBot 小车自动前进，小车将球“踢”进球门则获胜
比赛时间	每场比赛时间 5 分钟

根据共同约定，比赛不允许直接用红外遥控器或者手机蓝牙操控，必须采用摇杆控制模块的半遥控方式，这种比赛方式比较类似于下棋。

很快我们小组进行了具体分工，由________同学负责改造 mBot 小车，步骤如图 15-1 和图 15-2 所示。

1.在标准结构mBot小车仰角位置，安装2个直角支架。

图　15-1

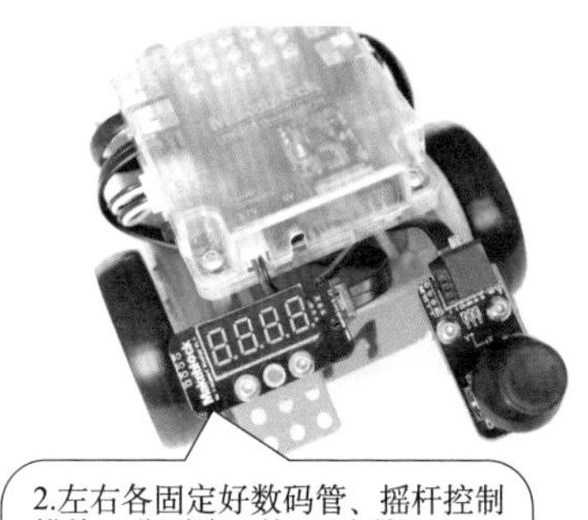

2.左右各固定好数码管、摇杆控制模块，分别连入接口1和接口4。

图　15-2

我们会探索

为什么要连接一个数码管呢？他竟然给我们卖了个关子。

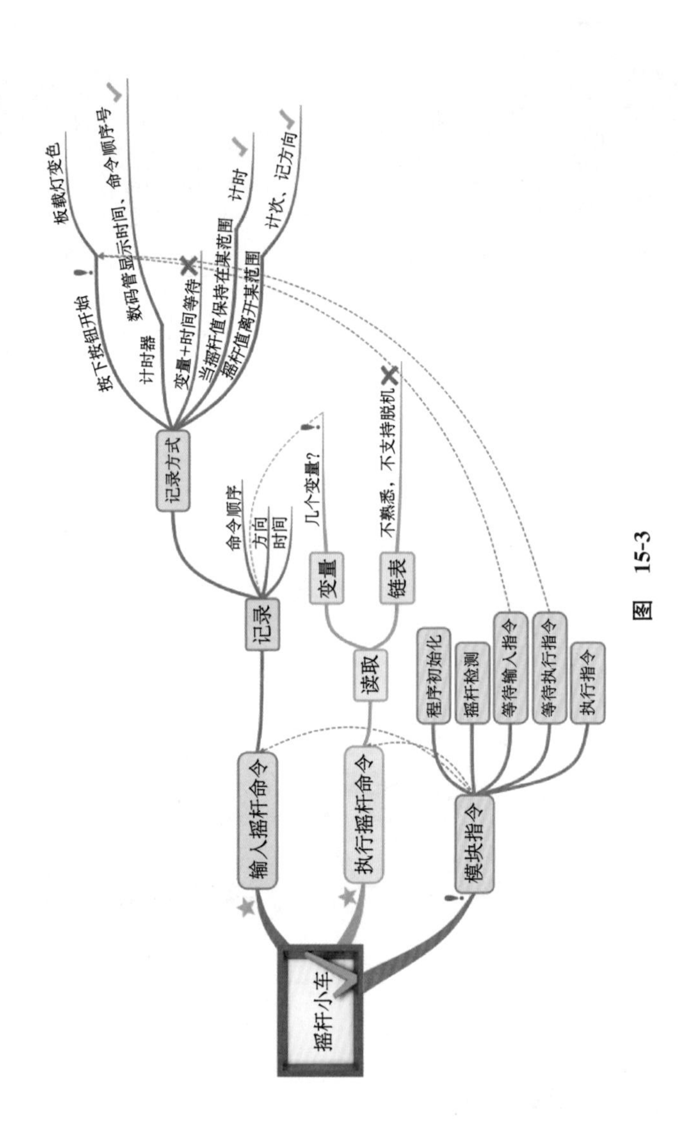
摇杆小车
输入摇杆命令
执行摇杆命令
模块指令
记录
读取
记录方式
命令顺序
方向
时间
变量
链表
几个变量?
不熟悉，不支持脱机
程序初始化
摇杆检测
等待输入指令
等待执行指令
执行指令
按下按钮开始
板载灯变色
计时器
数码管显示时间、命令顺序号
变量+时间等待
当摇杆值保持在某范围
计时
摇杆值离开某范围
计次、记方向

图 15-3

接下来，大家的重点问题就是如何让摇杆记录小车行动路线。小伙伴们都觉得这个问题十分复杂，有必要用思维导图整理一下大脑零乱的想法，如图 15-3 所示。

完成思维导图之后，思路越来越清晰了。我们开始着手一步步编程。

一、新建变量和模块指令

这次的变量及模块指令比较多，需要耐心细致地完成，如图 15-4 和图 15-5 所示。

1.我们用在线版脚本展示变量列表。其中，up、down、left、right存储偏移摇杆的临时时间；action存储动作次数；speed存储马达速度；motion1到motion8存储命令顺序号；way1到way8存储方向；time1到time8存储对应的执行时间。

图　15-4

二、添加设置模块指令脚本

在不同功能的模块指令中，我们设置了相应的脚本，如图 15-6至图 15-15 所示。

2.模块指令方面，我们建立了9个。其中记录指令和执行指令分别添加了3个和2个数字参数，用来传递序号、方向和时间值。因为脱机程序中无法转换处理字符串参数，所以我们将方向的字符串类型修改为数字类型。

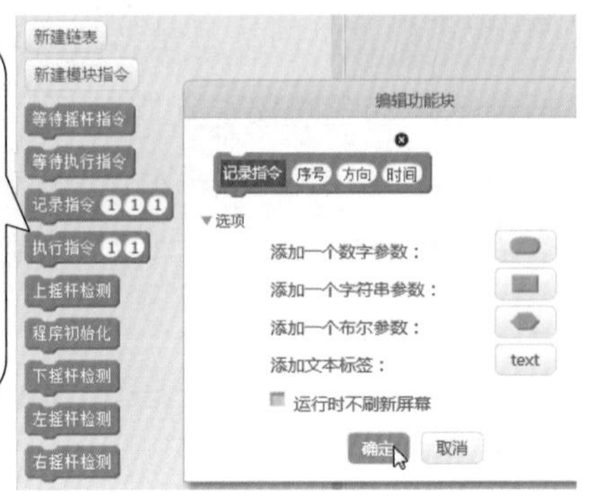

图　15-5

1.第一个模块指令是初始化脚本，也就是要将计时器归零，除speed变量外的所有变量都要设置为0。

图　15-6

2.等待摇杆指令，主要用途是在每次要记录摇杆命令之前，设置一个板载按钮的手动开关，让队员及时操作摇杆。同时设置的蜂鸣器和RGB黄灯是起到_______作用。

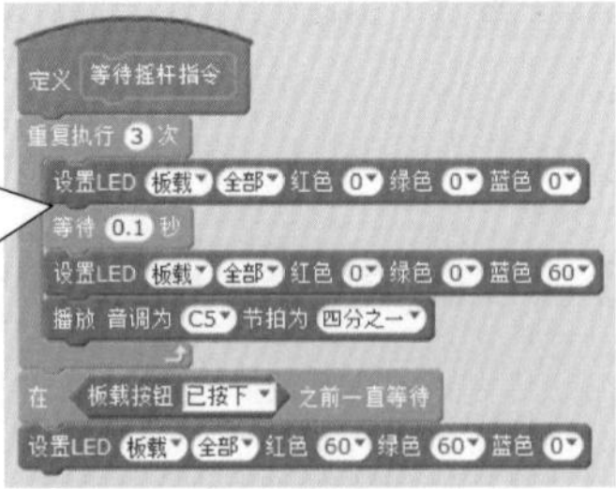

图　15-7

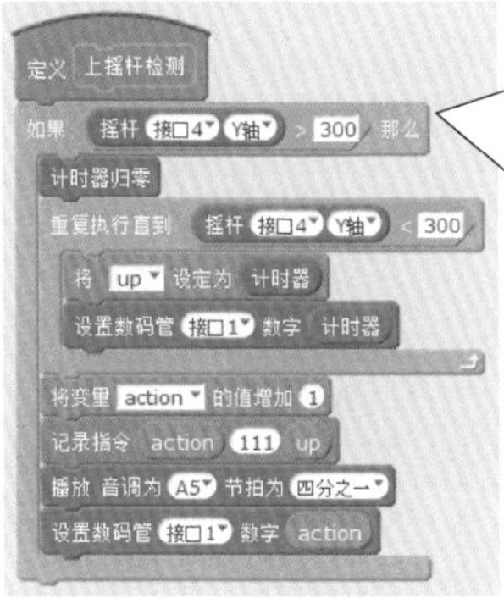

3.根据摇杆控制模块安装的方向，判断摇杆向上的Y轴输出值范围是否>300，如果是，计时器开始计时，同步显示在数码管上，松开摇杆则表示____________，序号加1，传递指令参数action、111、up，其中111代表前进。同样的，后退、左转、右转可以判断摇杆值是否为Y轴<-300、X轴<-300、X轴>300,并用222、333、444分别表示方向。

图　15-8

4.等待执行指令和等待摇杆指令类似，以三个音符提醒指令输入完毕，亮橙色灯等待按下板载按钮执行摇杆命令。

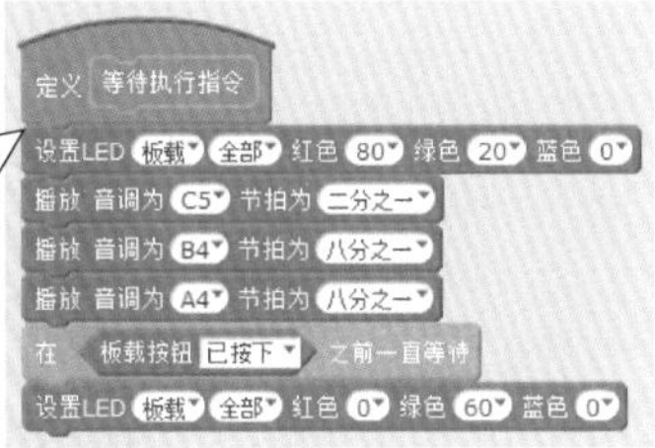

图　15-9

5.关键的记录指令处理方式，是将每次摇杆的值，存入以motion、way、time 开头的3个变量。如序号等于1，表示第一条命令，存入motion1、way1、time1。后面以此类推，直到序号8。

图　15-10

6.执行指令脚本，是以传递的方向和时间参数操作两个电机旋转的速度和时间。前进是两电机同速正转，后退是两电机________，左转是左电机反转右电机不动，右转是____________________。

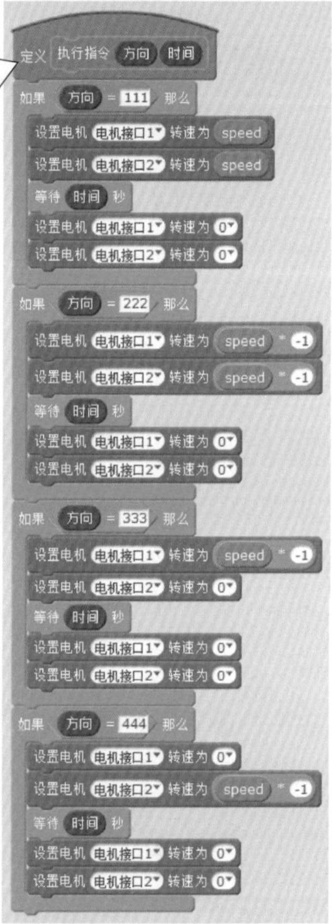

```
定义 执行指令 (方向) (时间)
如果 (方向) = 111 那么
  设置电机 电机接口1 转速为 (speed)
  设置电机 电机接口2 转速为 (speed)
  等待 (时间) 秒
  设置电机 电机接口1 转速为 0
  设置电机 电机接口2 转速为 0
如果 (方向) = 222 那么
  设置电机 电机接口1 转速为 ((speed) * -1)
  设置电机 电机接口2 转速为 ((speed) * -1)
  等待 (时间) 秒
  设置电机 电机接口1 转速为 0
  设置电机 电机接口2 转速为 0
如果 (方向) = 333 那么
  设置电机 电机接口1 转速为 ((speed) * -1)
  设置电机 电机接口2 转速为 0
  等待 (时间) 秒
  设置电机 电机接口1 转速为 0
  设置电机 电机接口2 转速为 0
如果 (方向) = 444 那么
  设置电机 电机接口1 转速为 0
  设置电机 电机接口2 转速为 ((speed) * -1)
  等待 (时间) 秒
  设置电机 电机接口1 转速为 0
  设置电机 电机接口2 转速为 0
```

图　15-11

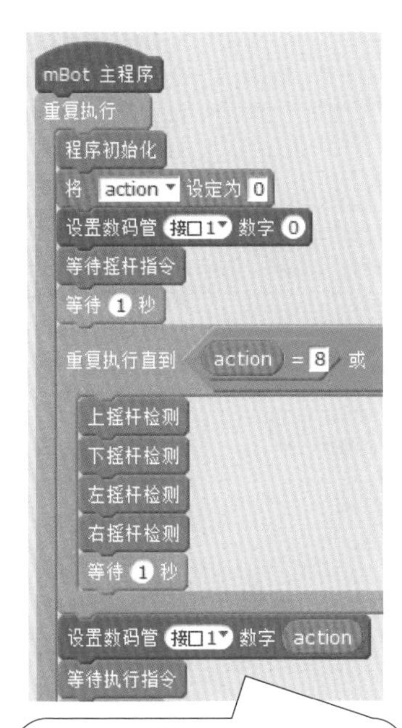

7.主程序部分是一个大的重复执行脚本。首先将程序初始化，包括数码管归零。然后等待摇杆指令，这时候需要判断什么情况下摇杆指令输入完毕。

图　15-12

action = 8 或 摇杆 接口4 X轴 > -15 且 摇杆 接口4 X轴 < -5 且 摇杆 接口4 Y轴 > 5 且 摇杆 接口4 Y轴 < 15

8.我们的做法是：满足两个条件，一是action等于8，表示已经输满8条指令，不能再继续输入；二是摇杆静止时，通过检测发现摇杆输出坐标，基本稳定在X轴-10、Y轴10的数字上，为避免误差导致出错，我们对X、Y轴取了-15～-5，5～15。

图　15-13

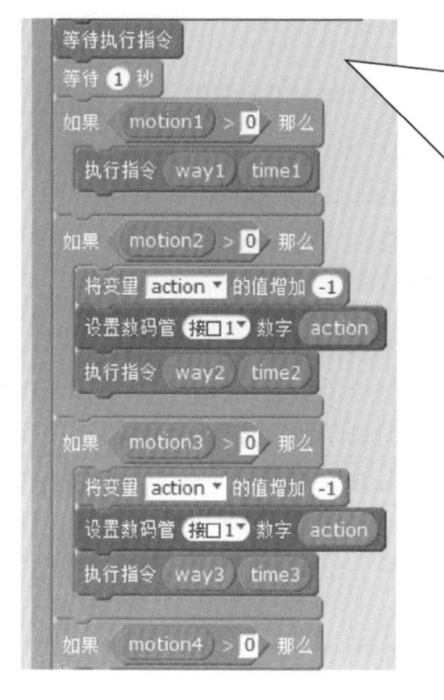

9.主程序最后一部分，是执行指令。拖入“如果”条件判断脚本，设置条件为以motion开头的变量是否大于0，大于0表示________________，可以执行存储的马达参数和运行时间。以motion2为例，当该变量大于0时，设置数码管显示其值，执行way2方向的马达运转time2秒，以此类推直到motion8。

图 15-14

10.上传Arduino，测试效果。

图 15-15

经过我们小组的不懈努力，终于完成了这个高难度的程序设计，大家击掌欢呼了起来。在本次创客活动中，我最想感谢的人是______________________。

小组队长迅速将成果分享给了全班同学，大家按照我们的方案马上完成了摇杆小车的编程，并且在迷你足球赛场上展开了激烈的 PK 挑战赛，最终我们小组获得了____________。

我们会思考

通过这次创客活动，我们有一些新的感悟：

- 团结就是力量，仅凭一个人是无法完成一个伟大的目标的。
- 思维导图可以帮助我们处理大型复杂的问题，以后我们还会继续使用它。

第16课　机器螃蟹扭起来

我们会提问

1. mBot 小车还能进行什么改装？

2. 多种材料组合能迸发怎样的火花？

我们会实践

经过上一次的创意足球挑战赛，大家意犹未尽，课下纷纷讨论还有哪些更好玩的组合。小红回忆起秋季大吃螃蟹的情景，忽然灵机一动：我们干脆把 mBot 小车改装成螃蟹机器人吧！这个想法得到了小组成员的大力支持。

随即，老师倡议我们在课堂上，开展一次“机器人改装大比拼”，看谁的创意最棒。我们小组也毫不示弱，马上着手了相关研究。

一、搭建螃蟹机器人结构

小伙伴们讨论了一番，觉得这次比赛的搭建环节相对来说更重要，我们得打开脑洞，突破说明书上 mBot 小车的运动结构。我们是这样做的，如图 16-1～图 16-12 所示。

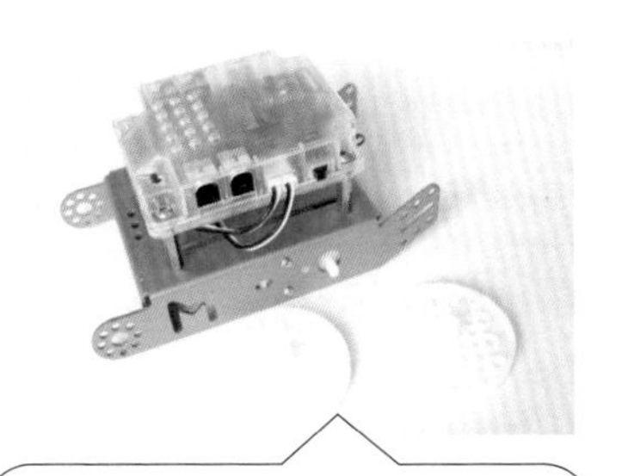

1.首先拆除原来的巡线、超声波传感器及数据线、2个轮子，并去掉轮胎。

图　16-1

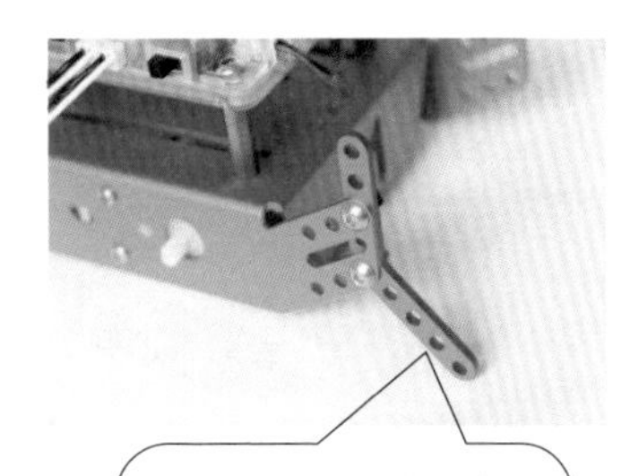

2.取45°连接片用螺丝螺母固定在底盘仰角上。

图　16-2

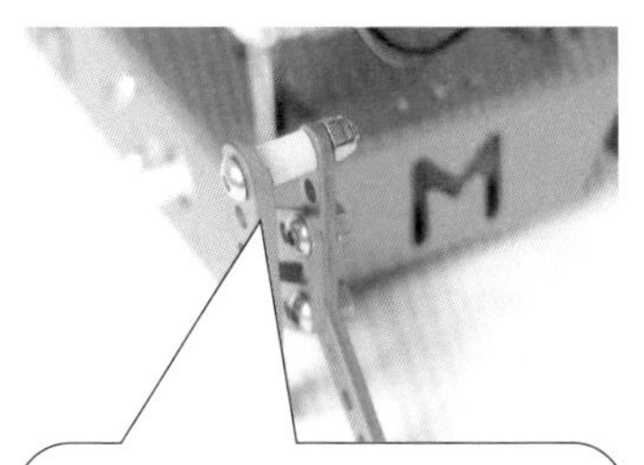

3.用22mm螺丝穿过060单孔梁，套入隔离柱，再用防松螺母拧至活动位置。

图　16-3

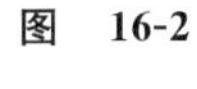

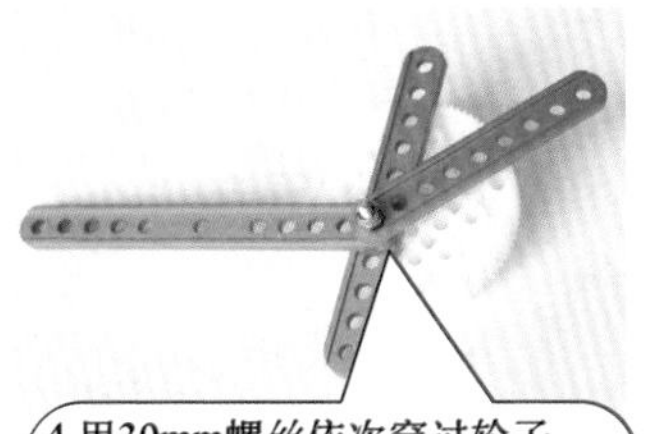

4.用30mm螺丝依次穿过轮子、092单孔梁、108单孔梁、076单孔梁，再用防松螺母拧至活动位置。

图　16-4

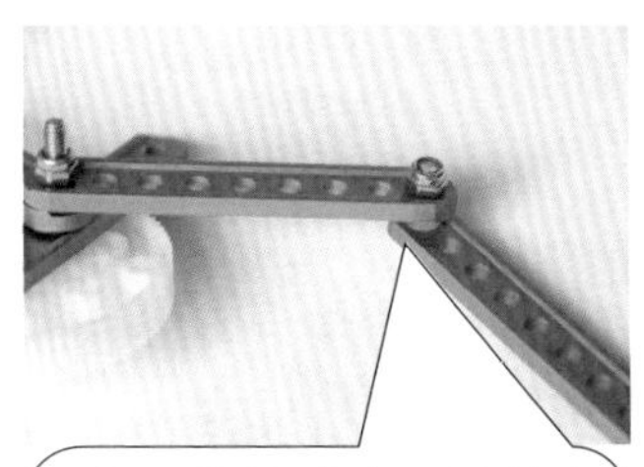

5.在076单孔梁末端，取出第2根076单孔梁从内往外用14mm螺丝穿过1个垫片，再用防松螺母拧至活动位置。

图　16-5

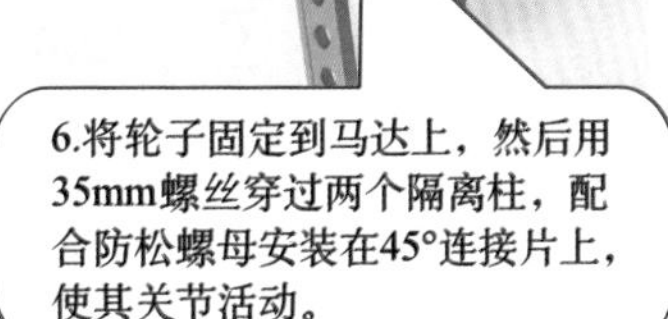

6.将轮子固定到马达上，然后用35mm螺丝穿过两个隔离柱，配合防松螺母安装在45°连接片上，使其关节活动。

图　16-6

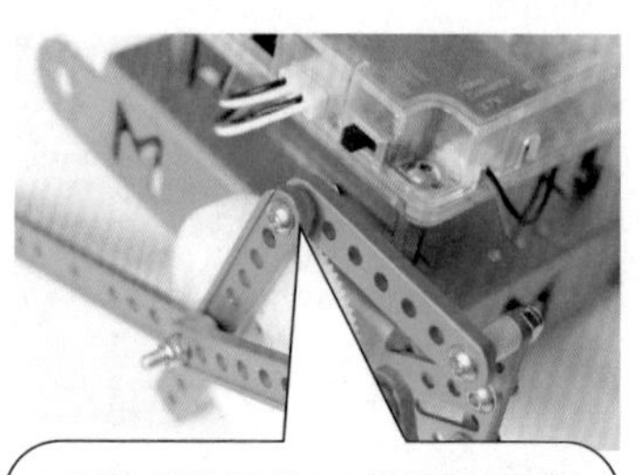

7.把轮子最里的092单孔梁末端和45°连接片上的076单孔梁用14mm螺丝、垫片和防松螺母拧至活动位置。

图 16-7

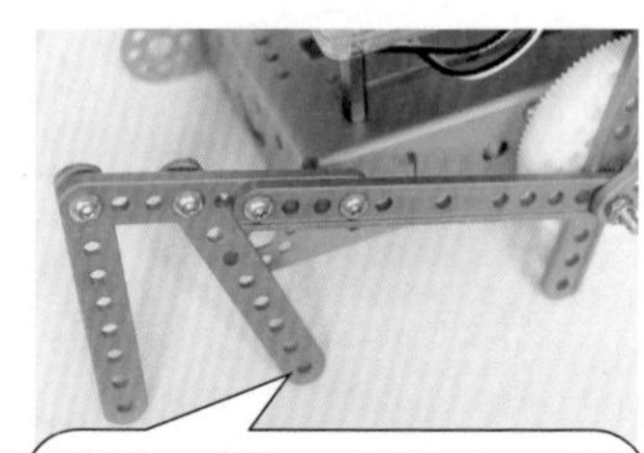

8.将轮子上的108单孔梁与076单孔梁用两个螺丝螺母固定起来延长零件，同时再用两根076单孔梁串上垫片安装在延长部分。

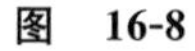

图 16-8

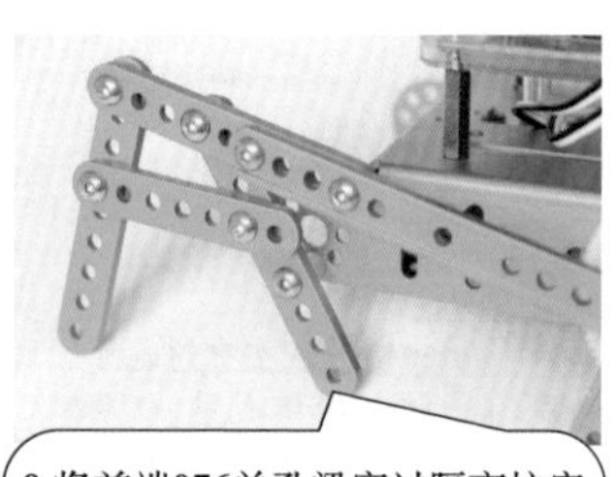

9.将前端076单孔梁穿过隔离柱安装到左侧孔洞上，再把两个076单孔梁用060单孔梁连接。

图 16-9

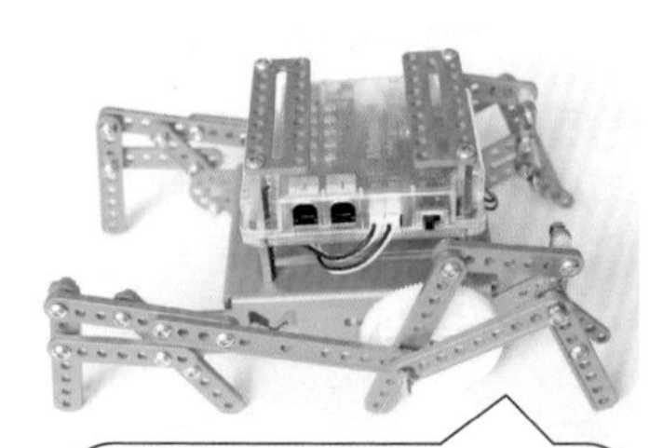

10.用同样的方式安装另一边连接结构。在控制板上增加4根铜柱，并固定好两个连接片。

图 16-10

11.在两个连接片上各安装两个直角支架，将表情面板固定在支架上，连入接口3。

图 16-11

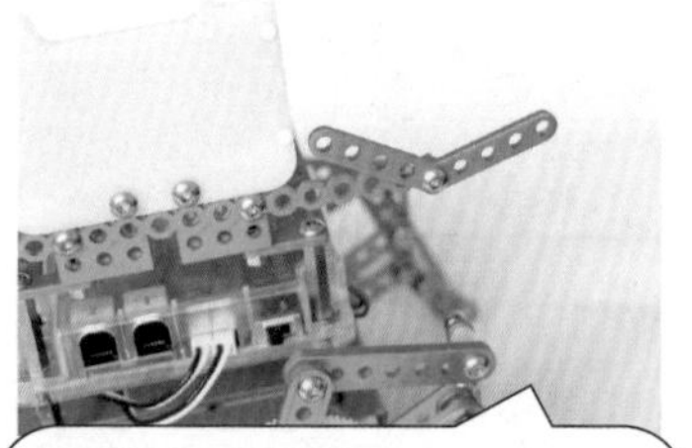

12.最后，用一根连杆固定在表情面板下方，两端再安装两个45°连接片。

图 16-12

二、编写螃蟹机器人脚本

经过一番细心安装，我们小组的螃蟹机器人现在看起来像那么回事了。在程序方面，大家商量着用红外遥控器来设计一个简单的脚本，如图 16-13 至图 16-18 所示。

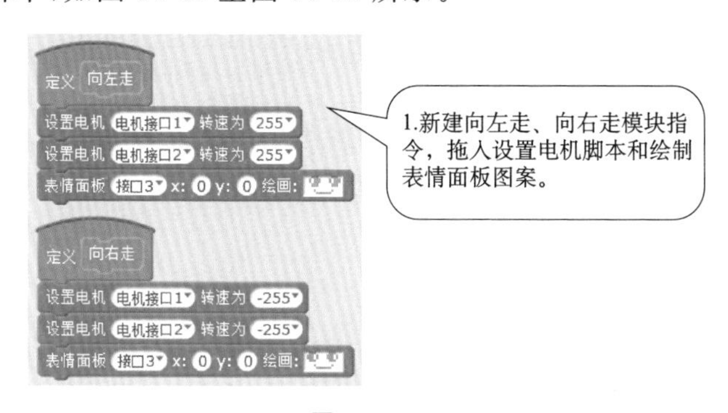

图　16-13

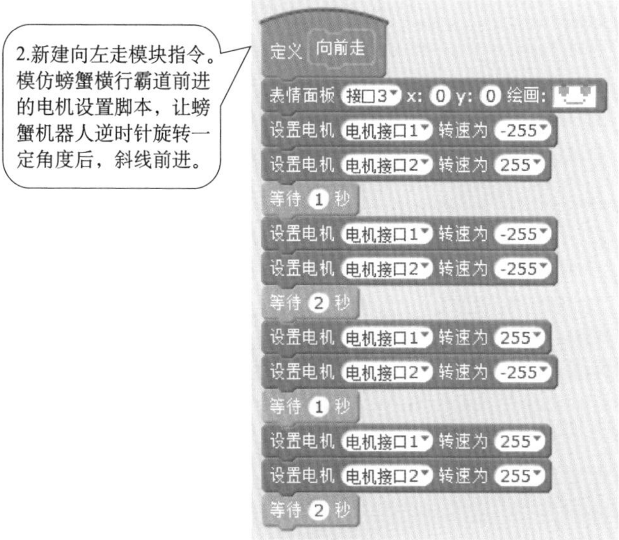

2.新建向左走模块指令。模仿螃蟹横行霸道前进的电机设置脚本，让螃蟹机器人逆时针旋转一定角度后，斜线前进。

定义 向前走
表情面板 接口3 x: 0 y: 0 绘画:
设置电机 电机接口1 转速为 -255
设置电机 电机接口2 转速为 255
等待 1 秒
设置电机 电机接口1 转速为 -255
设置电机 电机接口2 转速为 -255
等待 2 秒
设置电机 电机接口1 转速为 255
设置电机 电机接口2 转速为 -255
等待 1 秒
设置电机 电机接口1 转速为 255
设置电机 电机接口2 转速为 255
等待 2 秒

图　16-14

定义 向后走
表情面板 接口3 x: 0 y: 0 绘画:
设置电机 电机接口1 转速为 255
设置电机 电机接口2 转速为 -255
等待 1 秒
设置电机 电机接口1 转速为 -255
设置电机 电机接口2 转速为 -255
等待 2 秒
设置电机 电机接口1 转速为 -255
设置电机 电机接口2 转速为 255
等待 1 秒
设置电机 电机接口1 转速为 255
设置电机 电机接口2 转速为 255
等待 2 秒

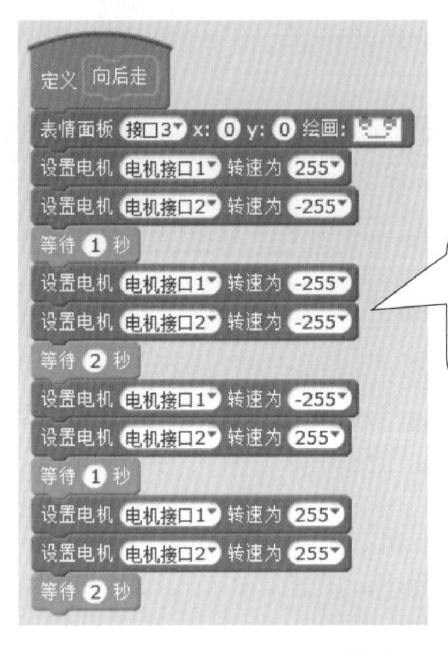

3.类似地，新建向右走模块指令。拖入设置电机脚本，让螃蟹机器人顺时针旋转一定角度后，斜线后退。

图 16-15

4.新建两个左转右转模块指令。将左转设置为逆时针转弯，右转设置为顺时针转弯，分别添加左右箭头的表情面板脚本。

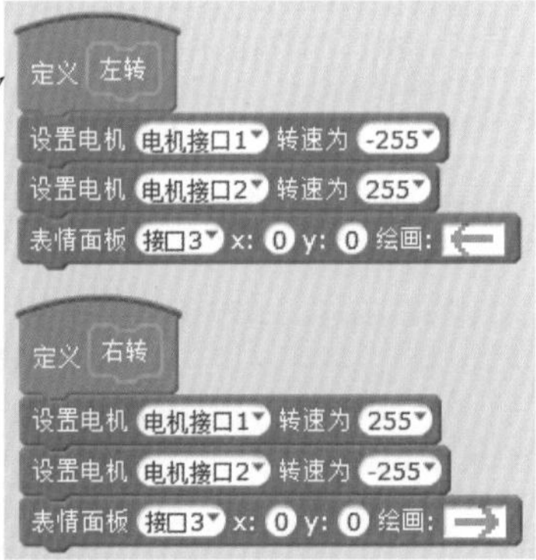

定义 左转
设置电机 电机接口1 转速为 -255
设置电机 电机接口2 转速为 255
表情面板 接口3 x: 0 y: 0 绘画:
定义 右转
设置电机 电机接口1 转速为 255
设置电机 电机接口2 转速为 -255
表情面板 接口3 x: 0 y: 0 绘画:

图 16-16

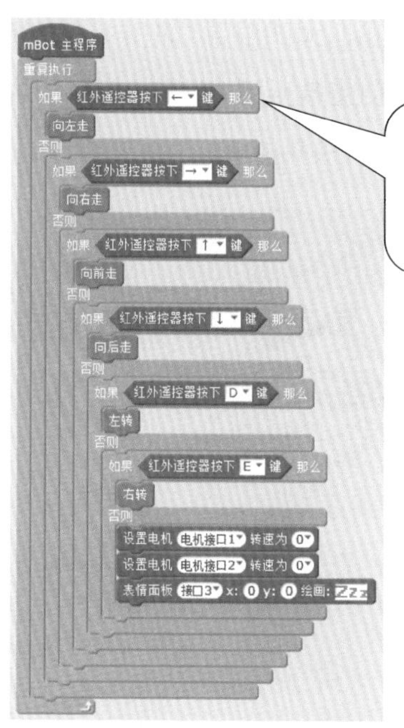

5.最后，添加重复执行脚本，内嵌6个“如果……否则……”条件判断脚本，分别将红外遥控器上的按键设置不同的模块指令。

图 16-17

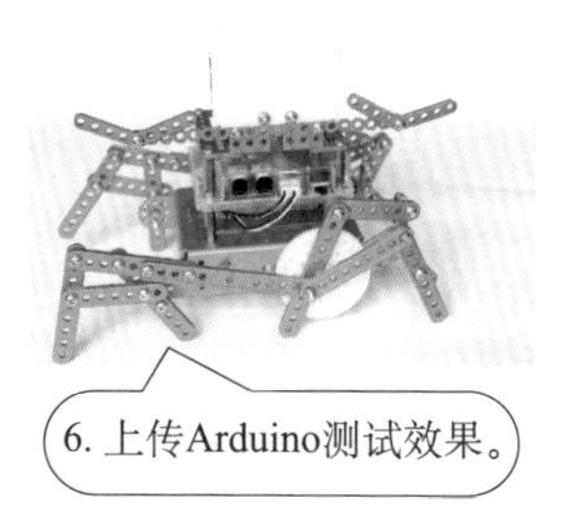

图 16-18

我们会分享

在这次创客活动中，每个小组都拿出了不同的改装设计方案，例如皇帝企鹅小组的设计，让我们大开眼界，如图 16-19 所示。通过全班投票，最后我们小组的创意改装获得了________名，大家纷纷表示有时间还要再来比比，一决雌雄。

图 16-19

我们会思考

通过这次创客活动，我们有一些新的感悟：

- 单孔梁关节位置的防松螺母，一定不能拧紧，要活动自如。
- 表情面板的合理运用，可以给机器人增添许多活力和趣味性。

附录1

学习自查评估表

章节	在这一章中，我学会了……	我要在最合适的感受下打钩		
		 我最棒	 要努力	 求帮助
1	认识开源机器人的经典版本 下载并安装 mBlock 软件 安装固件到 mCore 控制板			
2	让板载 LED 灯发光 设置各种颜色的 LED 灯光 使用外接 LED 模块制作彩虹光			
3	让 mCore 控制板发出声音 自定义歌曲旋律 使用按钮为触发条件独立运行脚本			
4	用 2.4G 适配器无线遥控 mBot 小车 使用变量改变马达速度 用蓝牙手机试用 mBot 新功能			
5	测试超声波、音量大小的值 安装声音传感器到 mBot 小车 让 mBot 小车遇到障碍物自动转弯			
6	测试巡线传感器不同情况下的值 给脚本添加注释内容 让小车循迹前进及两台小车互动			

续表

章节	在这一章中，我学会了……	我要在最合适的感受下打钩		
		我最棒	要努力	求帮助
7	使用 RJ25 适配器设置舵机角度 合用数码管、LED、超声波搭建道闸 编写道闸脚本，解决舵机抖动的问题			
8	设置灯带的发光方法 制作幸运大转盘主体结构 编写脚本和小伙伴玩大转盘游戏			
9	让表情面板显示不同的内容 测试人体红外传感器的值 编写互动表情脚本，让 mBot 有活力			
10	测试电位器的最大值和最小值 用额外连接件搭建护眼台灯 编写护眼台灯脚本并进行成果分享			
11	使用温度传感器测量温度值 用 130 风扇电机搭建冷却机 编写冷却机脚本让热茶适于饮用			
12	搭建一个自动吹泡泡的机器人 用人体红外传感器编写吹泡泡脚本 选用 Orion 控制板改进吹泡泡的效果			
13	测试摇杆控制模块的输出值 搭建迷你版本的打地鼠游戏机 用模块指令编写打地鼠脚本来比赛			
14	搭建超声波雷达结构 添加 mBlock 舞台角色 编写角色脚本并扫描周围物体			
15	改装 mBot 小车，增加数码管和摇杆 用思维导图整理分析编程的想法 耐心细致地编写摇杆小车的脚本			
16	突破传统方式搭建螃蟹机器人结构 编写模仿螃蟹行走的脚本 和全班同学交流改装的创意			

附录2

机器人模块说明

脚本模块		功能作用
mBot▼	mBot 主程序	上传 mCore 控制板进行脱机运行的起始脚本
	前进▼ 转速为 0▼ 前进 后退 右转 左转	电机组合设置脚本。可选前进、后退、右转、左转。设置为左右转弯时，一侧马达速度为0，另一侧为设定值，最大转速255或－255
	设置电机 电机接口1▼ 转速为 0▼	电机独立设置脚本
	设置舵机 接口1▼ 插头1▼ 角度 90▼ 0 45 90 135 180	设置舵机脚本。可选接口1—接口4，插头1或插头2，角度范围是0度～180度

续表

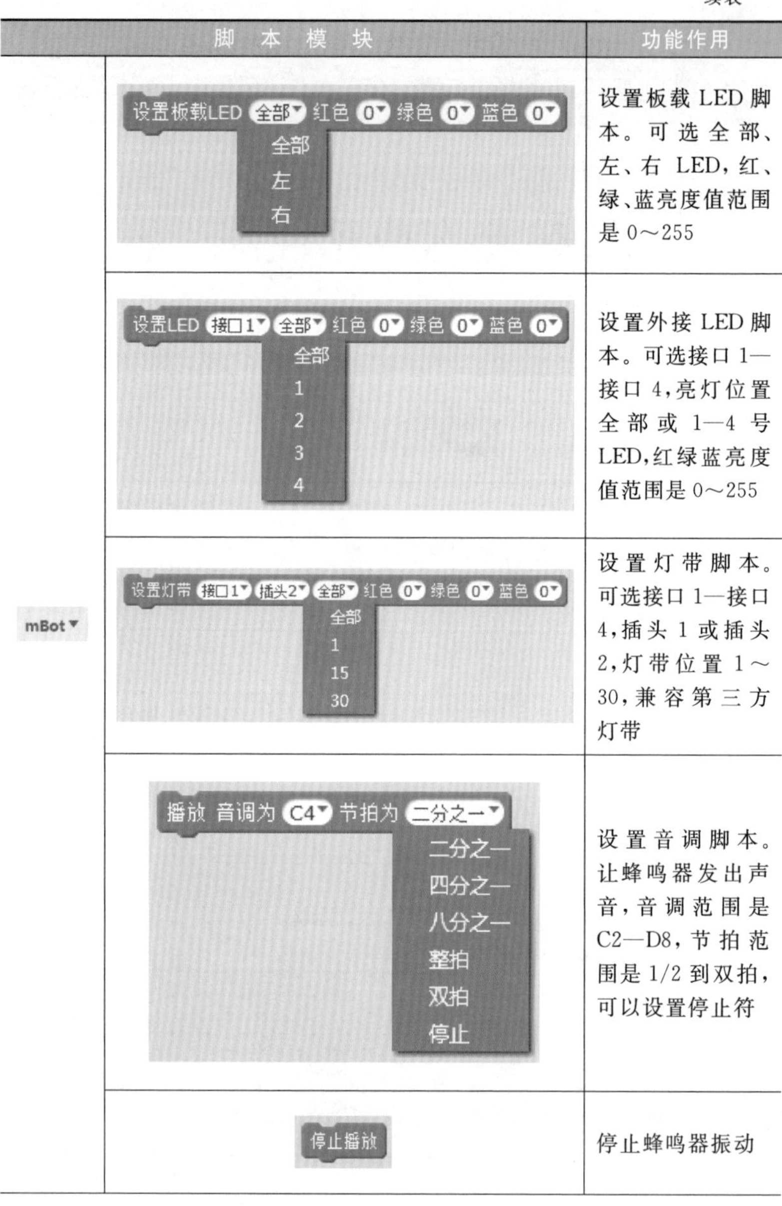

脚本模块		功能作用
mBot	设置板载LED 全部 红色 0 绿色 0 蓝色 0（全部 / 左 / 右）	设置板载 LED 脚本。可选全部、左、右 LED，红、绿、蓝亮度值范围是 0～255
	设置LED 接口1 全部 红色 0 绿色 0 蓝色 0（全部 / 1 / 2 / 3 / 4）	设置外接 LED 脚本。可选接口 1—接口 4，亮灯位置全部或 1—4 号 LED，红绿蓝亮度值范围是 0～255
	设置灯带 接口1 插头2 全部 红色 0 绿色 0 蓝色 0（全部 / 1 / 15 / 30）	设置灯带脚本。可选接口 1—接口 4，插头 1 或插头 2，灯带位置 1～30，兼容第三方灯带
	播放 音调为 C4 节拍为 二分之一（二分之一 / 四分之一 / 八分之一 / 整拍 / 双拍 / 停止）	设置音调脚本。让蜂鸣器发出声音，音调范围是 C2—D8，节拍范围是 1/2 到双拍，可以设置停止符
	停止播放	停止蜂鸣器振动

续表

脚本模块		功能作用
mBot▼	表情面板 接□1▼ 显示数字: 0	设置表情面板显示数字的脚本。可选接口1—接口4,当显示数字大于4位数时,呈现9999
	表情面板 接□1▼ x: 0 y: 0 显示文字: Hi	设置表情面板显示文字的脚本。可以设置显示的起始x坐标、y坐标,文字只能是英文字符
	表情面板 接□1▼ 显示时间: 10 时 :▼ 20 分 :	设置表情面板显示时间的脚本。可以选择是否显示冒号分隔符
	表情面板 接□1▼ x: 0 y: 0 绘画:	设置表情面板显示绘画的脚本。可以设置显示的x坐标、y坐标和自定义图案
	设置数码管 接□1▼ 数字 100	设置数码管显示数字的脚本。可选接口1—接口4,最多显示4个数字
	设置光线传感器 接□3▼ LED状态为 开▼ 关 开	设置光线传感器的LED灯脚本。可选接口3、接口4,LED状态可选开或关

续表

脚本模块		功能作用
mBot▼	设置相机快门 接口1▼ 状态为 按下快门▼ 按下快门 松开快门 开始对焦 停止对焦	设置相机快门状态的脚本。可选接口1～接口4,操作快门状态包括按下、松开快门和开始、停止对焦
	光线传感器 板载▼ 板载 接口3 接口4	光线传感器的参数脚本。可选板载、接口3或接口4
	当板载按钮 已按下▼ 已按下 已松开	板载按钮的运行脚本。仅适用于在线模式,可选触发条件为已按下或已松开
	板载按钮 已按下▼ 已按下 已松开	板载按钮的条件参数脚本。可选条件为已按下或已松开
	超声波传感器 接口3▼ 距离	超声波传感器距离的参数脚本。可选接口1—接口4
	巡线传感器 接口2▼	巡线传感器的参数脚本。可选接口1—接口4

续表

脚　本　模　块		功能作用
mBot	摇杆 接口3 X轴 / X轴 / Y轴	摇杆模块的参数脚本。可选接口3、接口4，X轴或Y轴
	电位器 接口3	电位器模块的参数脚本。可选接口3、接口4
	音量传感器 接口3	音量传感器模块的参数脚本。可选接口3、接口4
	限位开关 接口1 插头1	限位开关模块的条件参数脚本。可选接口1—接口4，插头1或插头2
	温度传感器 接口3 插头1 °C	温度传感器模块的参数脚本。可选接口1—接口4，插头1或插头2
	火焰传感器 接口3	火焰传感器模块的参数脚本。可选接口3、接口4
	气体传感器 接口3	气体传感器模块的参数脚本。可选接口3、接口4
	电子罗盘 接口1	电子罗盘模块的参数脚本。可选接口1—接口4
	触摸传感器 接口1	触摸传感器模块的条件参数脚本。可选接口1—接口4

续表

脚本模块		功能作用
mBot	按键 接口3 key1 是否按下 key1 key2 key3 key4	按键模块的条件参数脚本。可选接口3、接口4,按键1—按键4
	红外遥控器按下 A 键	红外遥控器模块的条件参数脚本。可选按键A—按键R9
	发送mBot消息 你好	mBot发送红外消息的脚本,脚本内容可以自定义
	接收到的mBot消息	接收到的mBot消息参数脚本
	计时器	控制板计时器的参数脚本
	计时器归零	将计时器归零后重新计时的脚本

附录3

课文填空题参考答案

章　节	位　置	参考答案或说明
第2课　制造美丽的彩虹	图2-2	参考答案:进行组合,串口已连接
	我们会探索	说明:请根据实际情况填写数值
第3课　祝妈妈生日快乐	我们会分享	说明:推荐《欢乐颂》《让我们荡起双桨》
第4课　我的遥控我做主	我们会分享	说明:注意比赛场地安全,推荐用"摇一摇"的拔河比赛
第5课　闪躲的声控小车	图5-7	参考答案:小,大
	我们会分享	说明:请根据实际情况填写小组队员姓名
第6课　轨道小小巡逻员	图6-5	参考答案:3,2,1
	图6-9	参考答案:1,2,3
	我们会分享	说明:请根据实际情况填写小组队员姓名
第7课　做个安全小道闸	我们会分享	参考答案:超声波传感器,板载按钮
第8课　玩玩幸运大转盘	图8-6	参考答案:只有第15盏LED灯变色图8-4后,亮灯的位置
	我们会分享	说明:请根据实际情况填写小组队员姓名
第9课　呆萌表情对对碰	图9-6	参考答案:1、12、123、1234,12345,9999,四位数
	图9-7	参考答案:英文
	图9-12	参考答案:1
	我们会分享	说明:请根据实际情况填写同伴姓名,主题活动健康向上

续表

章　　节	位　置	参考答案或说明
第 10 课　智能护眼小台灯	图 10-4	参考答案:0,980
	表 10-1	参考答案:0,980,3.84
	图 10-13	参考答案:减少误差,提高程序稳定度
	我们会分享	参考答案:提供帮助的同学姓名,自评分,教育云空间
第 11 课　自动降温冷却机	图 11-5	参考答案:－255
	我们会探索	参考答案:11.5
	我们会分享	参考答案:提供帮助的同学姓名,自评分
第 12 课　人体感应泡泡机	图 12-10	参考答案:有人靠近
	我们会分享	参考答案:提供帮助的同学姓名,自评分,好朋友
第 13 课　迷你打地鼠游戏	表 13-1	参考答案:摇杆控制模块
	图 13-3	参考答案:490,－490,490,－490
	我们会分享	参考答案:游戏得分,亲朋好友
第 14 课　超声波扫描雷达	表 14-1	参考答案:将雷达扫描界面和扫描结果在显示器上呈现出来
	图 14-7	参考答案:mp3,wav
	图 14-12	参考答案:控制目标出现的频率
	图 14-13	参考答案:让目标不透明显示 3 秒
	我们会分享	参考答案:亲朋好友
第 15 课　创意足球挑战赛	表 15-1	说明:请填写小队长姓名
	图 15-7	参考答案:提醒
	图 15-8	参考答案:指令输入完毕
	图 15-11	参考答案:同速反转,左电机不动右电机反转
	图 15-14	参考答案:有指令输入
	我们会分享	说明:请填写提供帮助的同学姓名,奖励
第 16 课　机器螃蟹扭起来	我们会分享	说明:请填写实际名次

星空创客空间

微信公众号 DCcharm

作者简介

吴鑫，现任武汉市光谷第一小学信息技术教研组组长，全国中小学信息技术创新与实践活动(NOC)优秀指导教师，武汉市首批创客导师，《综合实践·信息技术》教材编委，毕业于华中师范大学教育学专业。承担市级课题《创客教育理念下小学中高年级机器人课堂教学的策略研究》，多次指导学生参加 NOC、湖北省青少年科技创新大赛机器人竞赛、创新素质实践行、信息技术奥林匹克竞赛等活动并屡摘桂冠。